No se trata de si es verde o no, sino de si elimina o reduce las emisiones

No se trata de si es verde o no, sino de si elimina o reduce las emisiones

Cómo y por qué la transición energética marcará el futuro de la geopolítica

NEMESIO FERNÁNDEZ-CUESTA

EDICIONES DEUSTO

La traducción de la cita de la página 13 ha sido cedida por la editorial Debate, a la que agradecemos su colaboración.

Deusto es un sello editorial de Centro de Libros PAPF, SLU.
Av. Diagonal, 662-664
08034 Barcelona
www.planetadelibros.com

Diseño de la colección: Sylvia Sans Bassat

Primera edición: noviembre de 2024
Depósito legal: B. 17.980-2024
ISBN: 978-84-234-3799-3
Composición: Realización Planeta
Impresión y encuadernación: Huertas Industrias Gráficas, S. A.
Printed in Spain - Impreso en España

PEFC Certificado
Este libro procede de bosques gestionados de forma sostenible
PEFC
PEFC/14-38-00305
www.pefc.es

A mi mujer, Gloria,
compañera de toda una vida, por estar siempre ahí.
A mis hijos, Neme, Inés, Pepe y, en especial,
a mi hija Blanca, que siempre me ayuda
a ordenar y diseñar presentaciones y cursos
que están en la trastienda de este libro.

Sumario

Introducción

Los humanos hemos sido capaces de adaptarnos al medio en el que vivimos y de utilizar en nuestro provecho los recursos que la naturaleza ha puesto a nuestra disposición. El éxito de nuestra especie lo ratifican los más de ocho mil millones de personas que poblamos la Tierra. El desarrollo exponencial de la población y la riqueza de los dos últimos siglos tienen relación directa con la disponibilidad de energía; con el aumento de nuestra capacidad de manejar la temperatura de los entornos donde vivimos y de generar calor, frío y movimiento a nuestro antojo.

El grueso de nuestro sistema energético se asienta en el consumo de combustibles fósiles, un maravilloso regalo de la naturaleza, que ha sido capaz de condensar, a lo largo de millones de años, el carbono captado por la vegetación de nuestro planeta. La quema, en volúmenes inimaginables, de carbón, petróleo y gas supone la devolución a la atmósfera de todo ese carbono a una tremenda velocidad. Millones de años contra unos pocos decenios. El desequilibrio afecta a nuestra atmósfera, cuya existencia y composición es otro de los milagros que ha permitido el desarrollo de la vida en la Tierra y, en los últimos cuatrocientos mil años, el desarrollo del *Homo sapiens*.

Las emisiones derivadas del consumo de combustibles fósiles calientan nuestra atmósfera y, con el tiempo, han alterado, y alterarán aún más, las condiciones en las que la especie humana ha triunfado. Mantener el contenido de dióxido de carbono en la atmósfera dentro de unos límites tolerables es un objetivo imprescindible. Es un problema complejo y de difícil solución cuyos perfiles han sido definidos por la historia del desarrollo industrial, por los diferentes niveles de crecimiento económico de los países y por la propiedad colectiva de una atmósfera que no entiende de fronteras políticas.

Nunca un problema difícil se ha superado mezclándolo con otros de diferente gravedad e incidencia y exigiendo una solución conjunta para todos ellos. Nunca un problema que afecta a nuestra forma de vivir se ha resuelto a partir de dogmas apriorísticos y nunca un problema cuyo remedio requiere ingentes recursos financieros se ha solucionado decretando la parálisis del crecimiento económico. Los problemas se solucionan con criterio y sentido común. Como siempre, el 80 % del problema se concentra en pocos países y en pocos sectores de actividad económica. Es necesario distinguir lo que es posible hoy de lo que podrá ser posible mañana. Es necesario entender cómo funciona una economía de mercado y cómo toman las decisiones de inversión empresas y ciudadanos. Es necesario entender y aceptar que la libertad individual es un valor fundamental de una sociedad democrática. Es imprescindible recordar que sólo el crecimiento económico proporciona las bases sobre las que construir una sociedad más próspera y menos desigual. Estas premisas, tan olvidadas en ocasiones por un ecologismo militante, son perfectamente compatibles con la reducción de emisiones y, por consiguiente, con la solución de un problema que a todos nos debe preocupar y ocupar. La razón de ser de este libro no es sólo explicar esta compatibilidad, sino argumentar que la solución se alcanzará cuando estas imprescindibles premisas constituyan el punto de partida.

Los dos primeros capítulos tratan de adentrarse en el problema y en sus posibles soluciones. El primero parte del conflicto que tenemos para explicar después por qué la política ha sido capaz de complicarlo más, si cabe. El segundo capítulo se adentra en las soluciones técnicas disponibles para reducir emisiones. Existen soluciones para casi todo, pero algunas precisan tiempo para su desarrollo tecnológico, otras para alcanzar un grado de implantación que permita alcanzar economías de escala y abaratar costes y todas requieren recursos para su implantación.

El tercer y cuarto capítulo abordan las políticas puestas en marcha para reducir emisiones y el dinero que ha sido necesario para ello. En ambos se pone de manifiesto los diferentes enfoques seguidos por la Unión Europea y Estados Unidos. Europa impone costes, objetivos y obligaciones de información, mientras que la norma norteamericana prima a las empresas y a los ciudadanos que apuestan por tecnologías que reducen emisiones. Todo este proceso no es independiente de los equilibrios de poder en el mundo. La tipología de los actores que intervienen, con sus aspiraciones y necesidades, se analiza en el quinto capítulo del libro.

Mi formación es económica. Soy técnico comercial y economista del Estado. La energía, como se dice en las páginas de este libro, combina restricciones técnicas y económicas. Cualquier error o inexactitud es de mi exclusiva responsabilidad. Vayan por delante mis disculpas.

He dedicado la mayor parte de mis más de cuarenta años de vida profesional a la energía. Desde la administración, como secretario de Estado de Energía, y desde la empresa, concretamente, en Repsol, donde he sido responsable del Área Comercial, responsable del Área de Exploración y Producción y director general de operaciones (en inglés, *chief operating officer* o COO). He presidido también Eolia Renovables. Es decir, he lidiado con todas las energías desde todos los puntos de vista. Doy clases en la Universidad Carlos III de Madrid y en IE Universidad sobre energía y transición energética, lo que me ha obligado a estructurar y sintetizar conocimientos adquiridos a lo largo de los años. Además, el Consejo Asesor de Engie España, el Consejo Asesor de LLYC y la Presidencia del Grupo de Transición Energética de Alantra Partners me ayudan a mantenerme actualizado en un sector en plena efervescencia.

La experiencia profesional enseña, pero se aprende mucho más de quienes trabajan a tu lado. De todos los jefes que he tenido, sin excepción, he aprendido; sin embargo, y sobre todo, son los compañeros y colaboradores que tienes a lo largo de tu vida laboral los mejores maestros. El saber en las organizaciones no reside en la cúpula. Las competencias técnicas y gerenciales se ubican en los diferentes niveles de la empresa. En las altas esferas sólo hay que saber tratar a las personas, encaminarlas y entender y aprender de lo que saben. A todos, jefes, compañeros y colaboradores, mi más profundo agradecimiento. Sin ellos, este libro no hubiera sido posible.

Por último, quiero dar las gracias a Ramón González Férriz, que me llamó para grabar un pódcast para ESADE (la Escuela Superior de Administración y Dirección de Empresas); a Roger Domingo, director editorial de Deusto, quien, tras oír la grabación, me ofreció la oportunidad de escribir este libro; y a María Campos y Blanca Redondo, editora y correctora de este libro, quienes con sus atinados comentarios y correcciones han conseguido mejorar el original.

1

El problema

El carbono

Hace unos 300.000 años, *Homo erectus*, los neandertales y *Homo sapiens* usaban el fuego de manera cotidiana. Ahora los humanos tenían una fuente fiable de luz y calor. [...] Pero lo mejor que hizo el fuego fue cocinar. [...] El advenimiento de la cocción permitió que los humanos comieran más tipos de alimentos, que dedicaran menos tiempo a comer, y que se las ingeniaran con dientes más pequeños y un intestino más corto. Algunos expertos creen que hay una relación directa entre el advenimiento de la cocción, el acortamiento del tracto intestinal humano y el crecimiento del cerebro humano. Puesto que tanto un intestino largo y como un cerebro grande son extraordinarios consumidores de energía, es difícil tener ambas cosas. [...] La cocción abrió accidentalmente el camino para el enorme cerebro de neandertales y sapiens. [...] Cuando los humanos domesticaron el fuego, consiguieron el control de una fuerza obediente y potencialmente ilimitada.[1]

1. Harari, Yuval Noah, *Sapiens*, Debate, Barcelona, 2014, pp. 24-25.

Nuestros ancestros aprendieron a controlar el fuego. Lo que ignoraban era que el fuego era la reacción entre el carbono contenido en la celulosa de las ramas y arbustos que ellos mismos recogían y el oxígeno del aire que respiraban. Ignoraban también que el carbono de las plantas había sido captado del aire en forma de un gas que miles de años después aprendimos a llamar dióxido de carbono (CO_2). No sabían que el carbono, junto con el agua absorbida por las raíces de la planta, se queda fijado en las células vegetales en forma de hidratos de carbono ni que el oxígeno es devuelto a la atmósfera. Por supuesto, nuestros ancestros desconocían el hecho de que el fuego, además de luz y calor, produce dióxido de carbono y que así retorna a la atmósfera el carbono captado por las plantas.

A los primeros sapiens no se les ocurría pensar que tenían un cerebro grande y un intestino más corto gracias a un proceso evolutivo en el que el fuego había jugado un papel relevante. Tampoco sabían que el mecanismo del fuego se repetía en su interior, que el alimento que ingerían se transformaba en hidratos de carbono que, junto al oxígeno del aire que respiraban, era transportado a sus células por la sangre y que si se movían, corrían o hacían cualquier esfuerzo era gracias a que el carbono y el oxígeno reaccionaban entre sí. El dióxido de carbono generado era transportado a sus pulmones por la sangre y que la respiración —intercambio de oxígeno por dióxido de carbono— lo enviaba a la atmósfera. Nuestros antepasados tampoco eran conscientes de que el desarrollo de los grandes mamíferos de sangre caliente, de los que ellos formaban parte, era debido a la acumulación de oxígeno en la atmósfera producido por la *respiración* inversa de las plantas.

Cuando, con el transcurso del tiempo, los cazadores y recolectores primitivos se asentaron y aprendieron los rudimentos de la agricultura y la ganadería, el bienestar y el progreso humano se hicieron plenamente dependientes de los hidratos de carbono. Si necesitaban calor o luz, quemaban hidratos de carbono vegetales. Para moverse o realizar cualquier trabajo, utilizaban hidratos de carbono, los propios o los de los animales que habían domesticado.

Calor, movimiento o trabajo son conceptos que hoy relacionamos con el término *energía*, que usamos de forma ambivalente. Si necesitamos mover un objeto o calentar un líquido, sabemos que tenemos que transmitirle *energía*. Si no lo hacemos, ni se mueve ni se calienta. También llamamos *energía* a la capacidad contenida en un líquido, un sólido o en cualquier ser viviente de transmitir la energía necesaria para generar movimiento o calor. Aunque en lenguaje coloquial no lo hagamos, esta segunda acepción, para diferenciarla de la primera, se denomina *densidad energética*. En términos antiguos, un buey o una mula transferían energía al arado para que éste surcara la tierra. La densidad energética del buey o la mula dependían de su reserva de hidratos de carbono. Si el animal no come, no repone hidratos y fallece de agotamiento. En términos modernos, la gasolina transfiere energía al motor que mueve el vehículo. El motor transforma dicha energía en calor y el calor en movimiento. La distancia recorrida dependerá del volumen de gasolina y de su densidad energética, que le habrá permitido transferir al vehículo la energía necesaria para que se desplace.

La gasolina es un hidrocarburo. Desde una perspectiva energética, la historia del mundo moderno se explica por la sustitución de los hidratos de carbono por los hidrocarburos. Los hidratos de carbono son moléculas que combinan carbono y agua, mientras que los hidrocarburos combinan carbono e hidrógeno. El petróleo y el gas natural son hidrocarburos puros, mientras que el carbón tiene también un contenido variable de oxígeno. Cuanto menos oxígeno contiene el carbón, mayor es su calidad.

El carbón, el petróleo y el gas son combustibles fósiles. Arden porque contienen carbono, se encuentran, de manera natural, en el interior de la Tierra y su origen se remonta a otra época geológica. El carbón procede de los restos de árboles, helechos y otras plantas que vivieron hace trescientos o cuatrocientos millones de años. La presión y la temperatura del interior de nuestro planeta *fosilizaron* estos restos hasta su petrificación.

El petróleo y el gas se formaron a partir de bacterias que vivían en el agua y fueron enterradas bajo los sedimentos —restos vegetales arrastrados por el agua— acuáticos. Millones de años después de que los ríos y océanos prehistóricos se desvanecieran, el calor, la presión y las bacterias, combinados, *cocinaron* la materia orgánica enterrada bajo capas de cieno: se formó un líquido espeso al que llamamos petróleo. A mayor profundidad, lo que implica más presión y calor, este proceso de cocinado continuó hasta que se formó el gas natural. Petróleo y gas natural, gracias a la presión y a que sus densidades son menores que la del agua, tienden a migrar hacia arriba. En su viaje hacia la superficie, en ocasiones encuentran algún estrato geológico impermeable y con la forma adecuada para almacenar cantidades significativas de petróleo y de gas. Esos almacenes son los que estamos buscando y explotando desde hace doscientos años.

La geología y la evolución de nuestro mundo desbordan las dimensiones —sobre todo temporales— en las que normalmente nos desenvolvemos. La Tierra, nuestro planeta, tiene unos 4.500 millones de años. Los primeros organismos multicelulares aparecieron hace 2.500 millones de años. De nuestro primer ancestro, el *Homo habilis* —predecesor del *Homo erectus*—, se han hallado en África restos fósiles de 2,5 millones de años. En Atapuerca, Burgos, se han descubierto restos del *Homo antecessor* datados de hace más de 800.000 años. Aunque no hay una opinión unánime, parece que los primeros sapiens empezaron a deambular por África 400.000 años atrás. Y hace unos 100.000 años el *Homo sapiens* emigró desde África al resto del mundo. Impuso su mayor capacidad, especialmente intelectual, sobre otras especies de homínidos hasta hacerlas desaparecer. Hoy somos los únicos homínidos sobre la Tierra. Lo que conocemos como historia, nuestra historia, desde que fuimos capaces de expresar nuestras ideas a través de la escritura, apenas tiene algo más de 5.000 años.[2]

Los primeros continentes empezaron a formarse hace mil millones de años. Desde entonces, no han dejado de moverse, de

2. Consúltese para un recorrido completo sobre los homínidos más antiguos que poblaron Europa: Casado Rigalt, Daniel, «Atapuerca, el hogar del homínido europeo más antiguo que se conoce», *National Geographic*, 2 de enero de 2024, <https://historia.nationalgeographic.com.es/a/atatpuerca-hominido-europeo-mas-antiguo_7021>.

juntarse y separarse. Nuestro planeta consta de núcleo, manto y corteza. La corteza y la parte sólida del manto forman la litosfera. La litosfera está compuesta por placas tectónicas que flotan sobre la parte «plástica» del manto. Es el movimiento de las placas tectónicas lo que desplaza los continentes. Los terremotos son choques entre placas que convergen y hacen que algunas partes de la corteza terrestre queden debajo de otras. También hay placas que divergen, como las que sostienen África y América, que se separan desde hace millones de años. Este movimiento continuo de una superficie terrestre que percibimos como sólida desborda nuestra percepción humana, como también lo hace la comparación entre los tiempos geológicos, esto es, la historia de la Tierra, y el breve suspiro de la historia humana.

Tiempo y movimiento que también han hecho que el carbono captado por las plantas —desde las primeras algas y líquenes hasta vegetación mucho más desarrollada— haya quedado enterrado a profundidades de algunos miles de metros, que haya sido *cocinado* por la presión y temperatura del interior de la Tierra para convertirlo en un combustible que los humanos, gracias a nuestros cerebros sobredimensionados, hemos sido capaces de extraer del subsuelo y quemar en cantidades inimaginables.

El carbón y el petróleo son conocidos desde la Antigüedad. En determinadas geografías se producían afloramientos en superficie. Era conocida su capacidad de arder durante tiempo prolongado y proporcionar calor. En Mesopotamia, incluso, se utilizó el petróleo para pavimentar calles. Sin embargo, pasaron siglos hasta que los avances científicos y la Revolución Industrial de los siglos XVIII y XIX —hace poco más de trescientos años— multiplicaron sus posibilidades de uso.

En la Inglaterra cada vez más rica de principios del siglo XVIII, comenzó a generalizarse el uso del carbón para calentar las viviendas. Comenzaron a explotarse las primeras minas de carbón. En 1712, Thomas Newcombe creó un motor rudimentario: quemaba carbón y así generaba vapor que servía para mover una bomba que extraía el agua que inundaba las minas de carbón. Años después, en 1765, James Watt inventó lo que se considera el primer motor de vapor. En 1769 lo perfeccionó para hacerlo capaz de mover una rueda y, en 1784, patentó el primer diseño de una locomotora de vapor. Había nacido el ferrocarril, aunque la primera línea férrea entre Liverpool y Manchester se hiciese esperar hasta 1830. Hoy, la longitud de las vías de ferrocarril construidas en el mundo supera el millón de kilómetros.

En 1847, James Young fue capaz de sistematizar la destilación del petróleo, produciendo fracciones ligeras que se utilizaron para iluminación y como lubricantes para el funcionamiento de maquinaria. En 1876, el alemán Nikolaus Otto desarrolló el primer motor de combustión interna que quemaba fracciones ligeras de petróleo a partir de la ignición provocada por una chispa eléctrica. La industria del automóvil estaba a punto de nacer. En 1898, Henry Ford diseñó su Modelo A, el primero de una larga serie. A día de hoy, circulan por el mundo más de 1.300 millones de automóviles, sin mencionar barcos, camiones, autobuses y todo tipo de vehículos equipados con un motor de combustión interna. Los hermanos Wright hicieron volar su primer avión en 1905. En esta tercera década del siglo XXI, 26.000 aviones realizan 40 millones de vuelos anuales.

La electricidad estática era conocida por los antiguos griegos. A finales del siglo XVIII, los estudios de Benjamin Franklin sirvieron, además de para crear los primeros pararrayos, para distinguir entre materiales aislantes y conductores y entre las cargas positiva y negativa. En 1799, el italiano Alessandro Volta logró almacenar electricidad: creó la primera batería. En 1821, los descubrimientos de Michael Faraday fueron esenciales: convirtió el movimiento en electricidad y la electricidad en movimiento. La electricidad se podía fabricar; un motor eléctrico era posible. En 1879, Thomas Edison inventó la bombilla: un filamento, incandescente gracias a la electricidad, proporcionaba luz suficiente para iluminar un espacio. En 1882, el edificio de la banca J. P. Morgan en Nueva York fue el primer edificio en el mundo iluminado con luz eléctrica. En 1884, Charles Parson diseñó la primera turbina de vapor capaz de generar electricidad. Se cerraba el círculo: el vapor generado en la combustión del carbón podía mover una turbina que producía electricidad. Hoy, casi 8.000 millones de personas iluminamos nuestras noches gracias a la luz eléctrica.[3]

La historia del siglo XX y de las décadas transcurridas del XXI es la historia de un desarrollo económico que ha permitido a la humanidad alcanzar cotas de bienestar inimaginables. El conocimiento se ha expandido en todos los órdenes de la actividad humana, pero la revolución energética que supuso la utilización de los combustibles fósiles en nuestra movilidad, en el bienestar de nuestras casas, en las comunicaciones y en la productividad de la maquinaria industrial forma parte del sustrato inicial sobre el que se asentó todo el progreso posterior.

Nada es gratis. El desarrollo alcanzado requiere una cantidad ingente de energía. En 2023, más del 80 % de la energía consumida en el mundo procedía de los combustibles fósiles. Ese año quemamos, en el mundo, 5.171 millones de toneladas de petróleo, 9.096 millones de toneladas de carbón y más de 4 billones de metros cúbicos de gas.[4] Son magnitudes que, como el tiempo geológico, superan nuestra capacidad de percepción. Estamos devolviendo a la atmósfera, a una velocidad impensable, el carbono captado durante miles de millones de años por la vegetación terrestre.

La atmósfera

La atmósfera, esa masa de gases que rodea la Tierra, es la responsable de que exista vida en nuestro planeta gracias a su capacidad para retener el calor. El Sol calienta la Tierra y ésta, como todo objeto caliente, emite calor. Ese calor es retenido, en parte, por la atmósfera. Esta retención de calor es lo que conocemos como *efecto invernadero*. Sin él no habría vida en nuestro

3. La serie de tres episodios *Shock and Awe: The Story of Electricity* (2011), de Jim Al-Khalili, desarrolla la historia de la electricidad de forma atractiva.

4. Salvo que se indique lo contrario, todas las cifras de consumos energéticos proceden del *Statistical Review of World Energy 2024*.

planeta: las variaciones de temperatura entre el día y la noche serían tan altas que todo lo que naciera de día moriría de noche.

Es el calor retenido por la atmósfera el que mantiene las temperaturas nocturnas lo suficientemente elevadas como para que la vida prospere. El efecto invernadero no es intrínsecamente perverso, sino todo lo contrario: es indispensable para la vida.

Fue el científico británico John Tyndall quien, a mediados del siglo XIX, puso de manifiesto que la atmósfera terrestre retenía el calor y que, en consecuencia, cualquier cambio en su composición alteraría dicha capacidad. Tyndall pensaba que el nitrógeno y el oxígeno, que suponen más del 99 % de la atmósfera terrestre, eran los gases responsables del efecto invernadero. Para su sorpresa, descubrió lo contrario: los gases capaces de retener calor eran el dióxido de carbono, el argón, el metano y otros gases que suponían menos del 1 % de la atmósfera. El vapor de agua también retiene el calor. Por eso, los días nublados de invierno tienen temperaturas más suaves que los días despejados o el bochorno veraniego es más inclemente cuando hay nubes en el cielo. Fue la primera vez que se identificaron determinados gases como responsables del efecto invernadero.

En 1895, décadas después de los trabajos iniciales de Tyndall, un científico sueco, Svante Arrhenius, fue el primero que trató de cuantificar la correlación entre el contenido de dióxido de carbono en la atmósfera y la temperatura media de la Tierra. Sus cálculos no andaban desencaminados. Su enfoque era optimista: el desarrollo industrial y las emisiones derivadas del dióxido de carbono podrían evitar una nueva glaciación. Suecia, su país natal, podría beneficiarse de mejores cosechas gracias a la subida de temperaturas. Su lamento era lo mucho que tardaría la atmósfera en calentarse lo suficiente como para mejorar los rendimientos de las cosechas de cereal suecas. Según sus cálculos, teniendo en cuenta las emisiones de finales del siglo XIX, se necesitarían tres mil años. Entonces era impensable que en unos doscientos años se alcanzasen los niveles de dióxido de carbono en la atmósfera que Arrhenius calculaba para finales del quinto milenio.

Elucubraciones aparte, la medida exacta del nivel de dióxido de carbono en la atmósfera es un dato disponible desde 1957. En ese año, el científico norteamericano Charles Keeling consiguió los fondos suficientes para instalar un laboratorio que midiera el contenido de dióxido de carbono en la atmósfera en la cumbre del volcán Mauna Loa en Hawái, cuya ubicación geográfica y altitud permitían obtener medidas no condicionadas por la polución del aire en entornos con mayor densidad de población e industria. Los resultados se reflejan en el gráfico siguiente (gráfico 1.1):

Gráfico 1.1. Concentración de dióxido de carbono en la cumbre del volcán Mauna Loa, Hawái

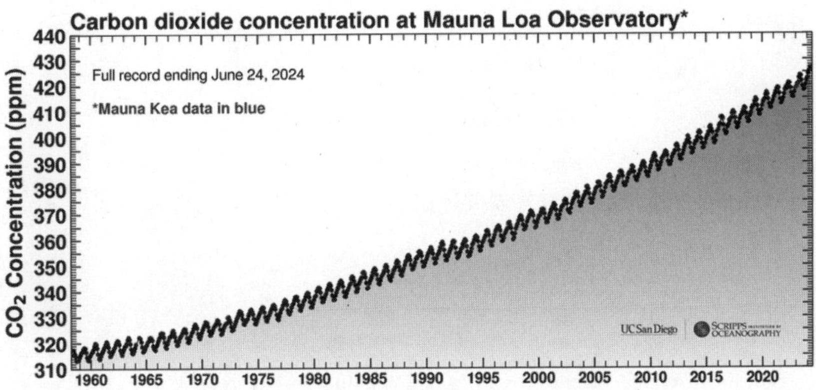

Fuente: Scripps Institution of Oceanography de la Universidad de California, San Diego.

A lo largo de los últimos casi setenta años, el contenido de dióxido de carbono en la atmósfera no ha dejado de crecer. Desde las 316 ppm (partes por millón) del año 1958 hasta las 424 ppm de marzo de 2024. También es relevante la forma de la curva, que permite observar cómo la vegetación del hemisferio norte respira. Las máximas concentraciones se alcanzan en los meses de abril y mayo, al principio de la primavera, y las mínimas en septiembre y octubre, a comienzos del otoño. Igualmente, es relevante que la pendiente de la curva aumenta con el paso de los años. El dióxido de carbono se acumula en la atmósfera a una velocidad creciente.

La dimensión real de esta acumulación de dióxido de carbono en los últimos setenta años se percibe cuando se compara con las concentraciones existentes en el pasado. Esta comparación es posible gracias a trabajos científicos que han analizado el contenido de dióxido de carbono en las pequeñas burbujas de aire atrapadas en el hielo de aquellos lugares de la Tierra donde existen nieves perpetuas. En función de la profundidad, es posible atribuir al hielo su antigüedad (gráfico 1.2).

Gráfico 1.2. Concentración de CO_2 en la atmósfera en los últimos 2.000 años

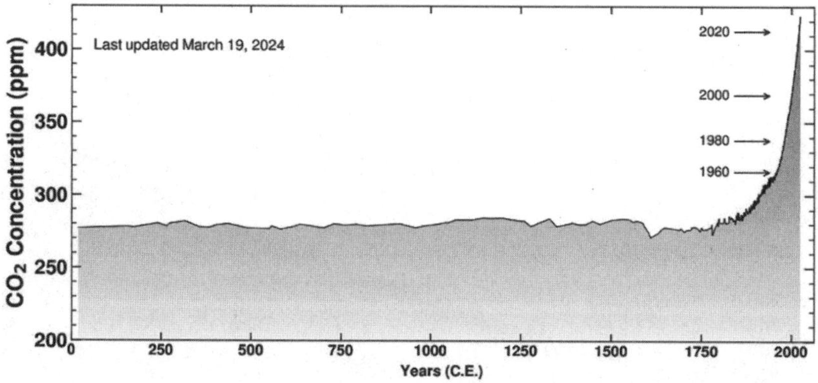

Fuente: Earth System Science Data Discussions. Rubino, Mauro, *et al.*, «Revised records of atmospheric trace gases trace gases CO_2, CH_4, N_2O and δ13C-CO_2 over the last 2000 years from Law Dome, Antarctica», *Earth System Science Data*, 11 (2019), pp. 473-492, <https://essd.copernicus.org/articles/11/473/2019/>.

El impacto de la Revolución Industrial en la concentración de dióxido de carbono en la atmósfera es más que evidente. El desarrollo de las economías occidentales en la década de los sesenta del siglo pasado produjo una notable aceleración de las acumulaciones de este gas en la atmósfera. La transformación de la economía china a partir de 1980 tuvo, del mismo modo, un impacto indudable. Más relevante aún es el incremento de la concentración de dióxido de carbono a lo largo de los últimos 800.000 años (gráfico 1.3). Nunca, desde la presencia de los primeros sapiens sobre la Tierra, había sido tan alta.

Gráfico 1.3. Registro de alta resolución de la concentración de dióxido de carbono 800.000 años antes del presente

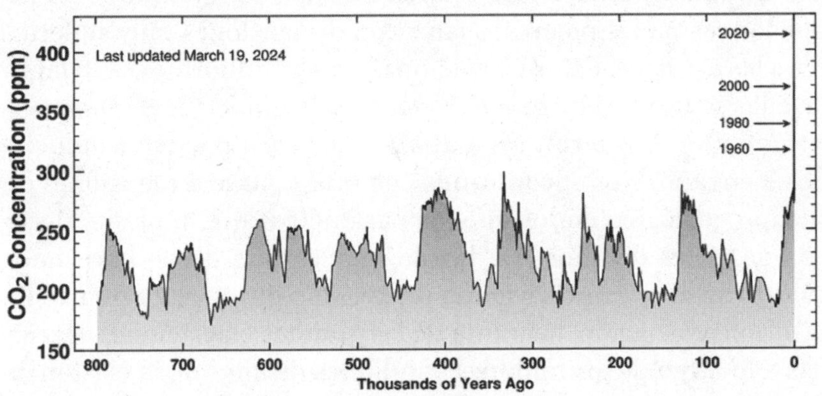

Fuente: Nature. Lüthi, Dieter, *et al.*, «High-resolution carbon dioxide concentration record 650,000-800,000 years before present», *Nature*, 453 (2008), pp. 379-382, <https://www.nature.com/articles/nature06949>.

A la vista de estos datos es difícil discutir la influencia humana en el aumento de la concentración de dióxido de carbono en la atmósfera. Cuando los humanos hicimos depender nuestro bienestar del consumo de combustibles fósiles a mediados del siglo XIX, el crecimiento de la proporción de este gas en la composición del aire que respiramos empezó a dispararse hasta extremos nunca vistos.[5]

El calentamiento global y su impacto

En paralelo, y corroborando las teorías de Tyndall y Arrhenius, la temperatura media de la Tierra, desde mediados del siglo XIX hasta la actualidad, ha crecido algo más de 1,1 °C. Cierto es que a

5. Una descripción más elaborada y completa de los descubrimientos científicos sobre los gases de efecto invernadero —y, en especial, del dióxido de carbono y su incidencia en la atmósfera— puede encontrarse en Yergin, Daniel, *The Quest: Energy, Security, and the Remaking of the Modern World*, pp. 423-474, Penguin Books, Estados Unidos, 2012.

lo largo de los millones de años de historia de nuestro planeta han existido cambios bruscos de temperatura. Todos hemos oído hablar de las glaciaciones, épocas de bajas temperaturas en las que los casquetes polares alcanzaron dimensiones muy superiores a las actuales. Estas glaciaciones no son uniformes. A lo largo de ellas se producen *episodios glaciares* seguidos de *períodos interglaciares*. Los términos *episodio* o *período* pueden conducirnos a engaño. Nos encontramos, de nuevo, ante dimensiones de tiempo geológico en los que los parámetros mínimos son decenas de miles de años. De hecho, parece que desde hace unos 12.000 años estamos viviendo un período interglaciar dentro de la última glaciación, la quinta de las grandes glaciaciones acaecidas a lo largo de los millones y millones de años de la existencia del planeta Tierra.

Estos cambios de clima se producen por diversas causas. Todas ellas, de una forma u otra, tienen que ver con la radiación solar. En primer lugar, tenemos las causas astronómicas. Las puso de manifiesto en 1941 el científico serbio Milutin Milankovitch.[6] La primera es que la órbita de la Tierra alrededor del Sol no es uniforme. A lo largo de ciclos de unos 100.000 años de duración, la órbita de la Tierra alrededor del Sol se hace más elíptica. Cuando la Tierra está más alejada del Sol la radiación solar disminuye.

La segunda de las causas astronómicas es la inclinación del eje de la Tierra, que tampoco es constante: varía entre 22,1° y 24,5°. Es una oscilación permanente: se calcula que son 41.000 años lo que tarda el eje terrestre en variar su oblicuidad entre ambos límites. Cuanto mayor es la inclinación de la Tierra, también lo es la de los rayos solares, con la consiguiente reducción de la radiación solar. La tercera de las causas expuestas por Milankovitch tiene que ver con el movimiento de rotación de la Tierra y la inclinación de su eje. Cuando éste está inclinado en la

6. Una buena y sencilla explicación de la teoría de Milankovitch puede encontrarse en «Milankovitch (Orbital) Cycles and Their Role in Earth's Climate», NASA, 27 de febrero de 2020, <https://science.nasa.gov/science-research/earth-science/milankovitch-orbital-cycles-and-their-role-in-earths-climate/>.

misma dirección en la que gira la Tierra, como en el movimiento de una peonza, la superficie del planeta recibe la radiación solar de forma aún más oblicua. Este ciclo de movimiento tiene una periodicidad de 26.000 años. Estas tres causas astronómicas se combinan entre sí y pueden dar lugar a subidas o bajadas notables de las temperaturas medias de la Tierra; pero estamos hablando en una escala de tiempo geológico: decenas, si no centenas, de miles de años. El ascenso de temperaturas medias que estamos viviendo en los últimos cien años no tiene que ver con estas causas astronómicas. Se trata, insisto, de una dimensión temporal radicalmente distinta.

La propia actividad solar puede producir modificaciones en el clima. La Pequeña Edad de Hielo, un período frío que se produjo entre 1550 y 1850, fue, al parecer, consecuencia de una menor actividad solar, aunque también se señala una mayor actividad volcánica como desencadenante de algunos años especialmente fríos. Y es que la actividad volcánica genera gases de efecto invernadero, pero emite, asimismo, cenizas y partículas que impiden que la radiación solar llegue a la Tierra. No parece que el incremento de las temperaturas que estamos viviendo actualmente tenga que ver con una mayor actividad solar ni con la ausencia o alteración significativa de la actividad volcánica en el mundo. Lo cierto es que, a lo largo de los últimos años, puede observase cómo se produce una disociación entre la radiación solar que recibe nuestro planeta y el incremento de su temperatura media. Si no son los movimientos orbitales ni el eje de rotación de la Tierra los responsables, ni tampoco la actividad solar o la volcánica, la conclusión es que la emisión masiva de gases de efecto invernadero resultantes de la acción humana es la causa evidente del incremento de las temperaturas medias en la Tierra (gráfico 1.4).[7]

7. El siguiente artículo explica que, de acuerdo con los ciclos orbitales de Malinkovitch, la temperatura de la Tierra debería estar descendiendo: NASA Science Editorial Team, «Why Milankovitch (Orbital) Cycles Can't Explain Earth's Current Warming», NASA, 27 de febrero de 2020, <https://science.nasa.gov/science-research/earth-science/why-milankovitch-orbital-cycles-cant-explain-earths-current-warming/>.

Gráfico 1.4. Temperatura versus actividad solar

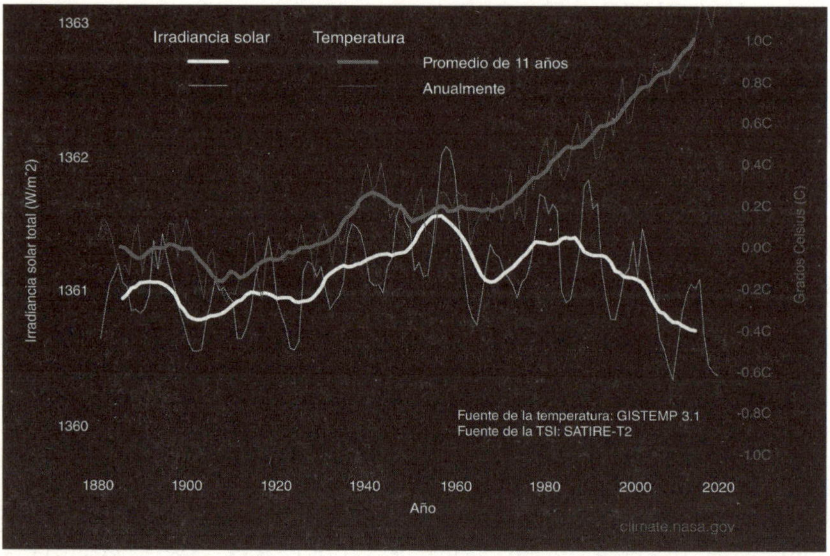

Fuente: NASA-JPL/Caltech.

En 2023 se calcula que las emisiones de dióxido de carbono equivalente fueron de unas 41 gigatoneladas. Es decir, 41.000 millones de toneladas. De ellas, el 88 % provino de la quema de combustibles fósiles y el 12 % de modificaciones en el uso de la tierra.[8]

La expresión *CO_2 equivalente* o *equivalente de dióxido de carbono* responde a un convenio científico para poder medir de forma conjunta todos los gases de efecto invernadero. Además del dióxido de carbono, el metano y los óxidos nitrosos son los gases más relevantes entre los que contribuyen a aumentar el efecto invernadero. Cada uno de estos gases tiene una capacidad distinta de calentar la atmósfera y un tiempo diferente de permanencia en ella hasta su disipación. El metano, por ejemplo, calienta más

8. Datos tomados de «The Global Carbon Budget», Global Carbon Project, 2023, <https://globalcarbonbudget.org/carbonbudget2023/>. Todas las cifras de emisiones proceden de la misma fuente. Es recomendable su lectura para interesados con formación científica.

la atmósfera que el dióxido de carbono, pero se disipa mucho antes. Para homogeneizar la comparación, se ha considerado un período de cien años para establecer equivalencias. Así, la emisión de una tonelada de metano equivale a la emisión de 28 toneladas de dióxido de carbono. Esta convención es la que nos permite hablar de *dióxido de carbono equivalente*.[9]

Las emisiones derivadas del uso de la tierra tienen también su complejidad. En primer lugar, su cifra es la expresión de un saldo neto. Cuando se desforesta una superficie, la vegetación preexistente deja de captar dióxido de carbono. Al reforestar, la nueva vegetación empieza a absorber dióxido de carbono. El balance neto dependerá de la comparación de superficies y de las especies arbóreas plantadas o erradicadas.

Este primer balance se complementa con el derivado del cambio de usos de la tierra. El suelo, como la atmósfera o el mar, es un gran almacén de carbono. Recibe carbono orgánico de origen vegetal y animal y, a través del metabolismo de los microbios y bacterias que habitan en él, emite dióxido de carbono. Esta emisión es diferente en función del tipo de suelo. La emisión de un suelo con cubierta vegetal es menor que la de un suelo cultivado, que, a su vez, emite menos dióxido de carbono que un suelo en barbecho. Son emisiones que dependen, entre otras variables, de la humedad, la temperatura y el contacto con el oxígeno. Cuando se cambia el uso de la tierra y, por ejemplo, se destina un pastizal a construir un asentamiento urbano, se deseca un humedal o se abandona un terreno de cultivo, se incrementan las emisiones de dióxido de carbono. El recorrido contrario las disminuye. Estos cambios de uso del suelo dan lugar a un segundo balance de emisiones. De la suma del balance derivado de la desforestación y la reforestación y del balance derivado de los cambios de uso de la tierra resulta la cifra de emisiones no relacionadas con la quema de combustibles fósiles. Se calcula que son algo menos de 5 gigatoneladas anuales de dióxido de carbono. Se ha mante-

9. Salvo que se indique lo contrario, cuando se mencionan las emisiones de dióxido de carbono, siempre se refieren a emisiones de dióxido de carbono equivalente, es decir, al conjunto de gases de efecto invernadero.

nido una línea constante, quizás mínimamente descendente, a lo largo de los últimos sesenta años (gráfico 1.5).

Gráfico 1.5. Emisiones anuales de dióxido de carbono entre 1960 y 2023

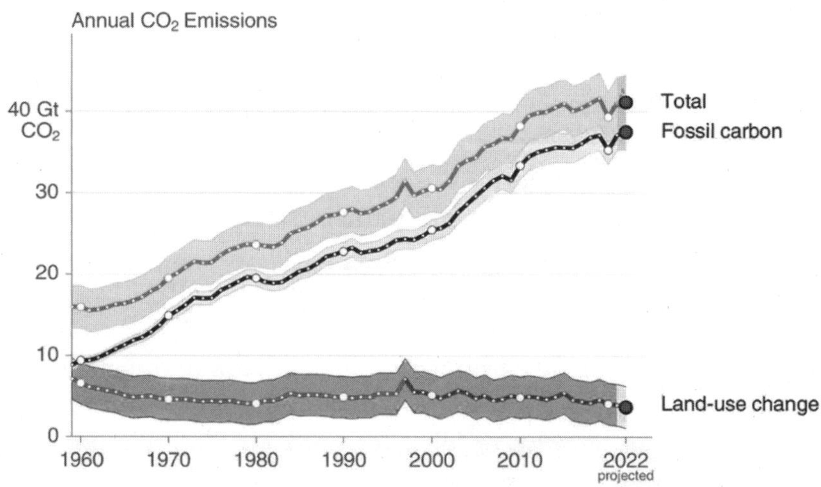

Fuente: Global Carbon Project.

De las 41 gigatoneladas de dióxido de carbono emitidas en 2023, unas 12 son absorbidas por la vegetación terrestre, 10 son absorbidas por los océanos y mares y el resto, unas 19 gigatoneladas, permanecen en la atmósfera. El porcentaje que permanece en la atmósfera crece de forma paralela al incremento total de emisiones. La capacidad de absorción de bosques y mares está limitada por la cantidad de agua y de vegetación. La atmósfera tiene más capacidad de ir alterando su composición.

Este incremento progresivo de la cantidad de dióxido de carbono de la atmósfera es el responsable del ya citado aumento de las temperaturas medias de la Tierra. Al ritmo actual, las temperaturas medias a finales de este siglo crecerán entre 3 y 5 °C por encima de las existentes al inicio de la segunda mitad del siglo XIX, entre 1849 y 1850, cuando empezaron a crearse los distintos servicios meteorológicos en Estados Unidos, Francia y Reino Unido. Fue precisamente la invención del telégrafo la que permitió la transmisión inmediata y sistemática de información y la elaboración de estadísticas sobre temperaturas medias con un grado de fiabilidad razonable. En la literatura disponible sobre el calentamiento global se comparan las temperaturas actuales con las vigentes en 1850 o 1880. Ambas fechas se asocian con el despegue de la Revolución Industrial, materializado por el desarrollo del ferrocarril, aunque formalmente su inicio se sitúa en 1765, cuando James Watt inventó la máquina de vapor. La realidad es que comparamos las temperaturas actuales con las primeras disponibles, con la industrialización del mundo occidental como telón de fondo.

A finales de este siglo, con la evolución actual de las emisiones, las temperaturas medias serán entre 2 y 4 °C superiores a las actuales. Desde hace años, el Grupo Intergubernamental de Expertos sobre el Cambio Climático (IPCC, por sus siglas en inglés) estudia las consecuencias de semejantes incrementos de temperaturas: el resumen es la proliferación de olas de calor, la alteración del ciclo del agua con incremento de las sequías, el aumento de la desertización y la multiplicación de los fenómenos atmosféricos extremos, con sus impactos en infraestructuras y vidas humanas.[10]

A lo largo de los últimos años se han producido en el mundo más de mil fenómenos atmosféricos extremos que han supuesto más de un billón (de los nuestros) de dólares en daños. En 2022, las solicitudes de indemnización por catástrofes naturales presentadas a la industria aseguradora mundial se incrementaron un 54 % en relación con la media de los últimos 10 años y un 115 % si la comparación se efectúa con la media de los últimos 30 años.[11] En España, las indemnizaciones abonadas por el sistema español de Seguros Agrarios Combinados (Agroseguro) a los

10. «Climate Change 2023: Synthesis Report. Summary for Policymakers», IPCC, 2023, <https://www.ipcc.ch/report/ar6/syr/downloads/report/IPCC_AR6_SYR_SPM.pdf>.

11. Fantini, Lorenzo, *et al.*, «An Insurance Risk Framework for Climate Adaptation», Boston Consulting Group, diciembre de 2023, <https://www.bcg.com/publications/2023/an-insurance-risk-framework-for-climate-adaptation>.

agricultores y ganaderos asegurados por los siniestros ocurridos durante 2022, relacionados con fenómenos atmosféricos, han alcanzado los 768,85 millones de euros, la cifra más alta registrada hasta la fecha. Los récords anteriores se alcanzaron en 2021 y 2020.[12] Todos estos datos no tienen en cuenta fenómenos meteorológicos extremos acaecidos en aquellas partes del mundo donde la industria del seguro es una realidad inexistente.

Una consecuencia colateral del calentamiento de la atmósfera son los incendios forestales, cuya incidencia se incrementa con las olas de calor y el crecimiento de las masas boscosas por el abandono de terrenos agrícolas. Ya son una realidad los llamados incendios de *sexta generación*: son incendios de tal intensidad que alteran la dinámica de las capas altas de la atmósfera y generan vientos que pueden ser muy difíciles de modelar, por lo que no es posible predecir el comportamiento del fuego, y su extinción se convierte en una tarea de extrema dificultad.[13] La pérdida de masa forestal supone una reducción de la captación de dióxido de carbono de la atmósfera. Forma parte del incremento de emisiones derivado del uso de la tierra.

Las actividades agrarias y, por extensión, la industria agroalimentaria, son y serán las actividades económicas más afectadas por la subida de las temperaturas y la proliferación de las sequías. Según un estudio de la Universidad de Burdeos, cerca del 90 % de las regiones vitivinícolas tradicionales en zonas bajas y costeras de España, Italia, Grecia o del sur de California podrían dejar de ser apropiadas para producir vino a final de siglo como consecuencia del cambio climático. Las soluciones disponibles serían migrar las viñas a zonas de mayor altitud o emplear regadío, de difícil implementación en un escenario de escasez de recursos hídricos. Puede pensarse que el vino no es un producto

12. «Récord de indemnizaciones del seguro agrario en 2022», EFEAgro, 12 de enero de 2023, <https://efeagro.com/indemnizaciones-agroseguro-alcanzan-record-historico/>.

13. Rodríguez, Héctor, «Megaincendios: así son los incendios de sexta generación», *National Geographic*, 5 de febrero de 2024, <https://www.nationalgeographic.com.es/ciencia/megaincendios-todo-que-debes-saber-sobre-incendios-sexta-generacion_20599>.

esencial en la alimentación humana, pero sí lo es para la economía de las regiones vitivinícolas. El vino es un ejemplo, pero el aceite de oliva, del que España es el primer productor mundial, está sometido a la misma amenaza. Junto a estos dos cultivos esenciales de nuestro sector agrario, sería posible citar a casi todos los demás. La combinación de temperaturas más altas con la escasez de lluvias condicionará la producción agraria. No olvidemos tampoco que cosechas más cortas implican inevitables subidas de precios.

Hay pocos estudios disponibles sobre el impacto específico en España del calentamiento global. En el titulado «Las consecuencias económicas del cambio climático: escenarios y prospectivas climáticas de 2020 a 2100» publicado por el laboratorio de ideas Oikos, es posible encontrar aproximaciones a diferentes escenarios respecto al período preindustrial (1850-1880).[14] Un escenario bastante probable tiene como premisa básica que en el mundo se sigan aplicando las mismas políticas medioambientales que los diferentes gobiernos están poniendo hoy en práctica. Conviene subrayar que estas políticas no son las de la Unión Europea, cuyo peso en la economía y en la población mundial decrece. Se trata, sobre todo, de las políticas de unas economías emergentes que, aunque conscientes del problema climático, no están dispuestas a condicionar su desarrollo económico por un problema del que, aunque les afecta, no son responsables. Así las cosas, en el año 2050, a excepción del cuadrante noroeste peninsular, en donde sería ligeramente menor, el incremento medio de temperatura superaría los 2 °C respecto a la época preindustrial; es decir, aproximadamente el doble del experimentado hasta hoy. Asimismo, se estima que, en el año 2100, las precipitaciones en España experimentarían una reducción notable en relación con las precipitaciones medias del período 1986-2006: desde un 19 % en Andalucía y Baleares a un

14. Disponible en el sitio web de Oikos: <https://www.oikos.eco/publicaciones>.

9 % en la meseta norte, pasando por entre 12-13 % en la cornisa cantábrica.

En cualquier análisis de impacto económico del cambio climático en España, es imposible obviar el efecto sobre el sector turístico, pilar esencial de nuestra economía, pues aporta el 13 % del PIB. Pasar el verano en España podría ser, a finales de este siglo, una experiencia poco placentera. Al tiempo, la subida de las temperaturas en el norte de Europa produciría un menor estímulo para viajar al sur y una mayor probabilidad de que surgiesen alternativas más atractivas en el norte para pasar algunas semanas de vacaciones.

Desde una perspectiva macroeconómica, el calentamiento global podría producir en España una disminución de la productividad laboral, a consecuencia de las olas de calor y de la necesidad de adaptar horarios de trabajo, y un incremento de la inflación, derivado de la subida del coste de insumos básicos como el agua —inevitable en un entorno de escasez—, del coste de los alimentos y, aunque suponga adelantar cuestiones que se tratarán de analizar más adelante, un aumento de las medidas y políticas que se adopten en el marco de la transición energética: forzar el aumento del consumo de determinados recursos energéticos en detrimento de otros puede suponer encarecimientos vía impuestos o, si se prohíben determinados consumos, tener que optar por alternativas más caras.

En el marco derivado del mantenimiento de las políticas actuales en el mundo, el estudio de Oikos citado calcula que el PIB español se reduciría en un 13,8 % respecto a un escenario teórico en el que no hubiera cambio climático ni transición energética. Este tipo de estudios comparativos tiene siempre la dificultad de tener que elaborar un escenario *contrafactual*, un escenario teórico en el que se intenta estimar qué habría ocurrido sin la presencia de los factores cuya incidencia se pretende calcular. Entramos en un mundo de hipótesis y, por tanto, de certidumbre limitada. Pero este estudio tiene una gran ventaja: ubica el cambio climático y, por tanto, la transición energética, en un marco de realidad económica. Pone de manifiesto que se trata de un problema que, si no se soluciona, tendrá un coste. Coste que permite analizar el sentido económico de las soluciones propuestas y de las que, en el futuro, se propongan. El coste del problema será menor si somos capaces de reducir las emisiones de dióxido de carbono y será también menor en función de las políticas que se implementen para solucionar el problema. Convertir el cambio climático en el apocalipsis y la transición ecológica —que no energética— en una religión no es el camino correcto. Identificar un problema y precisar su dimensión es el primer paso para buscar soluciones y ponerlas en práctica.

La diplomacia multilateral. El debate ideológico. Los inicios

Reducir emisiones de dióxido de carbono no tiene sentido a nivel individual para ningún país. Sólo adquiere sentido si se aborda de forma colectiva por todos los países del mundo. La figura económica del *free rider* —el gorrón, en términos castizos—, que se beneficia del esfuerzo colectivo sin aportar su contribución, es una de las primeras dificultades que presenta una negociación multilateral encaminada a fijar los términos de un esfuerzo colectivo. En el caso que nos ocupa, existe una dificultad adicional derivada del diferente grado de responsabilidad de los países desarrollados frente al resto: el dióxido de carbono acumulado en la atmósfera procede de las emisiones originadas por el desarrollo industrial de estos países desde finales del siglo XIX hasta ahora. La solución debe ser colectiva, pero el grado de responsabilidad es muy diferente.

Desde un punto de vista económico, se plantean dos problemas adicionales. El uso indiscriminado de un bien público —como nuestra atmósfera— produce sobreexplotación. La regulación de este tipo de problemas puede hacerse a través de la asignación de externalidades, es decir, de un *coste social* por el uso del bien público. De nuevo nos enfrentamos a la dificultad derivada de los distintos grados de responsabilidad y de capacidad económica de los diferentes países para hacer frente al coste social. El otro problema es la difícil aceptación, sobre todo en sistemas democráticos, de un coste presente para la obtención de un beneficio futuro, cuya percepción se espera dentro de varias décadas.

Recapitular la evolución de las negociaciones sobre el clima requiere remontarse a acontecimientos de casi cuarenta años atrás. En 1989 se definió por vez primera el concepto de *desarrollo sostenible* como aquel que «permite atender a las necesidades del presente sin comprometer la capacidad de las generaciones futuras para atender a sus propias necesidades y no entraña en modo alguno una usurpación de la soberanía nacional».[15] La primera vez que el concepto *sostenibilidad* se usó había sido en 1987 con la publicación del informe de la Comisión Mundial sobre Medio Ambiente y Desarrollo, *Nuestro futuro común*. Este informe es también conocido como *Informe Bruntland*, nombre de la ex primera ministra noruega que presidió la Comisión.

En 1988, en Ginebra, un año antes de que el *desarrollo sostenible* alcanzara carta de naturaleza, se reunió por vez primera el IPCC, con el patrocinio de la Organización Meteorológica Mundial (OMM) y del Programa de las Naciones Unidas para el Desarrollo (PNUD). La conclusión básica de aquella reunión fue que «Determinadas actividades humanas podían alterar el clima mundial y amenazaban con graves consecuencias económicas y sociales a generaciones presentes y futuras». Se acordó la institucionalización del IPCC como una estructura permanente, con la triple misión de asesorar sobre la información científica disponible sobre el cambio climático y sobre sus posibles impactos medioambientales y socioeconómicos y formular estrategias de respuesta. El IPCC enunció su primer informe oficial en 1990. Su principal conclusión fue que «las emisiones derivadas de la actividad humana estaban incrementando de manera sustancial las concentraciones en la atmósfera de gases de efecto invernadero: dióxido de carbono, metano, clorofluorocarbonos y óxidos nitrosos. Estos incrementos ampliarán el "efecto invernadero"

15. Declaración del Consejo de Administración sobre el desarrollo sostenible. Anexo II de la Decisión 15/2 adoptada por el Programa de las Naciones Unidas para el Medio Ambiente en su decimoquinto período de sesiones.

con el efecto resultante de un calentamiento adicional de la superficie terrestre. El principal gas de efecto invernadero, el vapor de agua, se incrementará como resultado del calentamiento global y ampliará su efecto».[16]

Los trabajos del IPCC aceleran las negociaciones internacionales. En mayo de 1992 se termina la redacción del tratado titulado «Convención Marco de Naciones Unidas sobre el Cambio Climático (UNFCCC)». Un mes después se celebra en Río de Janeiro la primera Cumbre de la Tierra.[17] Esta cumbre reunió a líderes políticos, diplomáticos, científicos, representantes de los medios de comunicación y ONG de 179 países. Al mismo tiempo, se celebró en Río de Janeiro un Foro Mundial de ONG, que reunió a un número sin precedentes de representantes de organizaciones no gubernamentales.

La celebración de la Cumbre de la Tierra de Río de Janeiro se produjo en un momento singular de la política internacional, que, desde 1948, había estado marcado por la Guerra Fría, el enfrentamiento entre Estados Unidos y la Unión Soviética y sus respectivos aliados. En 1989 había caído el Muro de Berlín y los países del este de Europa se emanciparon del poder soviético. En 1991, la propia Unión Soviética se disolvió. La Guerra Fría había terminado con la victoria occidental. La economía de mercado, con sus imperfecciones, se había mostrado claramente superior a la economía estatizada propia de los regímenes comunistas. La izquierda internacional quedaba privada de referencia y de banderas.

Cuando se analizan los resultados de la Cumbre de la Tierra se observa una pulsión imparable hacia la entronización del desarrollo sostenible como piedra angular de un *nuevo orden mundial*. La lectura de algunos de los veintisiete principios universales de la

16. Resolución 43/53 de la 70 Asamblea General de Naciones Unidas de 6 de diciembre de 1988.

17. La información completa sobre la Cumbre de Río 1992 puede encontrarse en «United Nations Conference on Environment and Development, Rio de Janeiro, Brazil, 3-14 June 1992», Naciones Unidas, 1992, <https://www.un.org/en/conferences/environment/rio1992>.

Declaración de Río sobre el Medio Ambiente y el Desarrollo es ilustrativa.

- Principio 3. El derecho al desarrollo debe ejercerse en forma tal que responda equitativamente a las necesidades de desarrollo y ambientales de las generaciones presentes y futuras.
- Principio 4. A fin de alcanzar el desarrollo sostenible, la protección del medioambiente deberá constituir parte integrante del proceso de desarrollo y no podrá considerarse en forma aislada.
- Principio 8. Para alcanzar el desarrollo sostenible y una mejor calidad de vida para todas las personas, los Estados deberían reducir y eliminar las modalidades de producción y consumo insostenibles y fomentar políticas demográficas apropiadas.

Todos estos principios disfrazan, con su vaguedad, una notable inclinación intervencionista. La definición inicial del desarrollo sostenible no incluía la *equidad medioambiental* entre las generaciones presentes y futuras que, obviamente, requerirá de intérpretes cuyas opiniones son, por definición, incontrastables. Con que la «protección del medioambiente forme parte integrante del proceso de desarrollo», ¿quiere decirse que se respete la normativa medioambiental o se pretende decir algo más? La *producción* y el *consumo insostenibles* aparecen como nuevas realidades, por supuesto indeterminadas, con las que hay que acabar. Las *apropiadas políticas demográficas* deben venir a significar que el derecho de la mujer a decidir los hijos que quiere tener debe limitarse, no vaya a ser que muchos hijos acaben suponiendo un consumo insostenible.

Nadie discute que las actividades económicas —industria, agricultura, ganadería, pesca— deben cumplir de forma escrupulosa la normativa medioambiental vigente. Resulta evidente, también, que esta normativa medioambiental, de la mano de nuevas realidades, del propio desarrollo económico y de la evolución del conocimiento científico puede y debe ganar en rigor y precisión. De hecho, la introducción del concepto en el *Informe Bruntland* tiene que ver, sobre todo, con el posible agotamiento de los recursos naturales. Pero conviene tener presente que, desde su aparición, el concepto de desarrollo sostenible ha tratado de ser ampliado y usado para mediatizar, condicionar o limitar el crecimiento económico y hacerlo dependiente de la «capacidad de las generaciones futuras de atender sus necesidades». El concepto es lo suficientemente amplio, indeterminado y etéreo como para poder ser esgrimido en todo tiempo y condición.

Otro de los principales resultados de la conferencia fue el Programa 21, antecedente directo de los objetivos del milenio que Naciones Unidas aprobaría en el año 2000, y de la Agenda 2030, aprobada en 2015. El Programa 21 era un programa para lograr un desarrollo sostenible general en el siglo XXI. En la introducción de un resumen para la prensa preparado por los servicios correspondientes de la ONU, se explicaba el Programa 21 como la contraposición a «las políticas actuales, que perpetúan las diferencias económicas entre los países y dentro de ellos, aumentan la pobreza, el hambre, la enfermedad y el analfabetismo en todo el mundo y que causan el deterioro continuado de los ecosistemas de los que dependemos para sostener la vida en el planeta».[18] Una enmienda a la totalidad a la economía de mercado.

Fue en esa misma Cumbre de Río donde se presentó para la firma de los 179 países asistentes el tratado titulado UNFCCC. Fue una pena que lo importante se mezclara con la urgencia de la izquierda por recuperar una razón de ser tras la caída del comunismo. Fue una pena que un problema concreto, el calentamiento global derivado de la acumulación de gases de efecto invernadero en la atmósfera, quedara subsumido en una amalgama de reivindicaciones de todo orden, justas unas, puramente ideológicas otras.

Solucionar un problema requiere su identificación, analizar sus causas y arbitrar soluciones. Solucionar pocos o muchos problemas de forma simultánea requiere, guste o no, ordenarlos y

18. «Programa 21», Naciones Unidas, 1992, p. 1, <https://www.un.org/esa/sustdev/documents/agenda21/spanish/a21_summary_spanish.pdf>.

abordarlos en función de su importancia. La desaparición de la vida en un río a consecuencia de un vertido industrial tiene un impacto grave en el ámbito local en el que se produce. La posible subida de las temperaturas medias en 4 o 5 °C a finales de siglo tiene un impacto global y afectaría a las condiciones de vida humanas en todo el planeta. Son problemas medioambientales ambos, pero no son problemas comparables. Considerarlos en una misma categoría no es una aproximación correcta. Mezclarlos con cuestiones de otro tipo, añadir un determinado sesgo ideológico y asignar a todo una etiqueta común, sea la transición ecológica o la lucha contra el cambio climático, nos aleja aún más de la solución.

La transición ecológica reunía todas las condiciones para convertirse en una nueva bandera que la izquierda podía enarbolar. Responde a un problema real que necesita soluciones. Existe, por tanto, una receptividad social. Y tiene otra ventaja: en su nombre se pueden intervenir mercados y decir a empresas y personas cómo deben actuar o comportarse, lo que siempre ha producido un notable placer a la izquierda. Cuenta, además, con un concepto, el desarrollo sostenible, que funciona como argamasa de un conglomerado ideológico disperso, cuyo objetivo es poner freno a la economía de mercado.

Al margen del Programa 21 y de la Declaración de Río, los distintos países proceden a la firma de la Convención Marco sobre Cambio Climático, que entró en vigor en marzo de 1994.

Desde la Cumbre de Río la diplomacia climática y la diplomacia sobre desarrollo sostenible han seguido caminos paralelos, pero diferentes, siempre dentro del marco común de Naciones Unidas. Desde 1995, un año después de la entrada en vigor de la Convención sobre Cambio Climático, y de acuerdo con lo previsto en el texto firmado, tuvo lugar la reunión anual de las partes firmantes del convenio. Estas reuniones son conocidas como las COP (Conference of the Parties). Naciones Unidas siguió, aparte, convocando cumbres y dedicando sesiones de la Asamblea General al desarrollo sostenible.

La transformación del mundo hasta 2015

Al margen de la diplomacia multilateral, el mundo estaba cambiando. A lo largo de la década de los ochenta, antes del derrumbe soviético, China empezó a transformar profundamente su economía. Bajo el liderazgo de Deng Xiaoping, el sistema comunista empezó a dejar paso al capitalismo de Estado. El Partido Comunista continuaría siendo la única e indiscutible autoridad, pero la economía debía abandonar los atrabiliarios postulados maoístas. Los sucesos de Tiananmén dejaron claro que los chinos debían olvidarse de cualquier atisbo de democracia, pero podían dedicarse a mejorar su nivel de vida en un marco económico crecientemente liberalizado. Hasta el año 2010, el PIB chino creció a un ritmo medio anual cercano al 10 %. Desde entonces, aumenta en porcentajes que oscilan entre el 5 y el 10 %. China es hoy la segunda potencia mundial.

Todo este crecimiento económico requirió un ingente consumo energético, que China sustentó sobre el carbón, su principal recurso autóctono. Hoy consume más del 50 % del carbón que se produce en el mundo. Más del 60 % de su electricidad se genera quemando carbón. Las emisiones de dióxido de carbono de China son el 31 % de las emisiones mundiales y superan la suma de las emisiones de Estados Unidos, la India y la Unión Europea.

El crecimiento económico chino se vio favorecido por la liberalización del comercio mundial. La hoy llamada *globalización* permitió al gigante asiático convertirse en el *taller del mundo*, integrándose en cadenas de valor de todo tipo de bienes, primero en escalones que requerían un menor grado de especialización, para, de forma progresiva, ir asumiendo tareas de mayor complejidad tecnológica. La propiedad estatal de numerosas empresas posibilitaba a éstas asumir inversiones de largo período de maduración y consolidar posiciones competitivas en sectores cuya demanda presente era débil, pero cabía pronosticar un crecimiento futuro notable. El régimen autoritario garantizaba la ausencia de cualquier muestra de disensión pública respecto a las políticas adoptadas, lo que permitió concentrar en China actividades económicas que los países desarrollados tendían a rechazar, como el refino de minerales, lo que garantizaba una posición de dominio en el tramo inicial de muchas cadenas de valor.

La globalización fue la expansión natural de las políticas liberales que habían triunfado en la Guerra Fría. Si la izquierda buscaba banderas, la derecha pensaba que ya estaba todo dicho: el debate ideológico no tenía sentido. La liberalización de los flujos del comercio internacional tuvo varias consecuencias principales: la transferencia de riqueza desde los países desarrollados a los países en vías de desarrollo, con la consiguiente reducción de la pobreza mundial. Una segunda consecuencia fue la desaparición de la inflación de las agendas económicas de los gobiernos. Las subidas de precios tendieron a desaparecer de la mano de importaciones baratas que dejaban fuera del mercado producciones nacionales menos competitivas. En países con legislaciones laborales más rígidas, la globalización se tradujo en el aumento de paro, concentrado sobre todo en zonas industriales. En países con normas laborales más flexibles, las reducciones de salarios, además de la pérdida de empleos, estuvieron a la orden del día.

La globalización supuso también un intenso proceso de convergencia tecnológica. Internet es un gigantesco repositorio del saber humano. Posibilita la instantaneidad de las comunicaciones y el intercambio de información. La deslocalización parcial de cadenas de valor de muchos productos obligaba también a la transferencia de tecnología. Apple no puede subcontratar en China la fabricación parcial o total de sus teléfonos móviles sin transferir conocimiento a las empresas que trabajan para ella. Junto a la convergencia tecnológica, el declive demográfico de las economías más ricas del mundo es otro proceso imparable, cuyo impacto económico ha sido minimizado gracias a la inmigración. En países como Australia o Canadá, el 30 % de la población laboral no ha nacido en el país. En Estados Unidos, Reino Unido o Alemania, el porcentaje es cercano al 20 %. En España, la población total ha crecido, en 2023, en medio millón de personas, pero la población nacida en España ha decrecido ligeramente frente al año anterior.

Desde el nacimiento de la industria de los microprocesadores a principios de los setenta, sus avances han sido espectaculares, permitiendo un desarrollo de la capacidad de computación que ha cambiado la forma de comunicarnos y de trabajar de los seres humanos, además de permitir el desarrollo de una serie de aplicaciones que han ampliado las fronteras de la tecnología disponible. En el ámbito del petróleo y del gas, barcos de perforación equipados con cuatro grupos de motores enfrentados entre sí han podido permanecer, gracias al sistema GPS y a sus ordenadores de a bordo, exactamente en la misma posición, a despecho de vientos, olas, corrientes y mareas. La exploración de hidrocarburos en aguas profundas, con láminas de agua superiores a 2.000 metros, era una realidad que supuso un nuevo impulso a la industria. En 2024, los principales incrementos de la producción mundial de petróleo fuera de Estados Unidos proceden de las aguas profundas de Brasil y Guyana.

Los avances en aguas profundas no son nada en comparación con la aportación a la industria petrolera del ingeniero norteamericano George P. Mitchell, quien combinando la perforación horizontal y la fractura hidráulica de las rocas que contenían hidrocarburos consiguió incrementar la producción de gas y petróleo de forma notable. Esta técnica, conocida como *fracking*, ha convertido a Estados Unidos en el primer productor de petróleo del mundo, el primer exportador mundial de gas natural licuado (GNL) y, sobre todo, en un país autosuficiente desde el punto de vista energético. Al margen de las implicaciones geopolíticas de la autosuficiencia norteamericana, los avances en la exploración y producción de petróleo y gas en el mundo han contribuido a añadir complejidad al escenario energético. La idea de que «el petróleo se acaba» ha resultado carente de sentido. Ya nos lo adelantó, hoy hace casi cincuenta años, el otrora todopoderoso ministro de petróleo de Arabia Saudita, el jeque Ahmed Zaki Yamani: «La Edad de Piedra no se acabó por falta de piedras». Hoy, las reservas de petróleo existentes en el mundo permitirían mantener el consumo actual durante más de cincuenta años. Si el petróleo no se acaba, aunque haya encarecido su precio debido a costes de producción más elevados, su sustitución se complica: su densidad energética por volumen hace difícil su cambio por otras fuentes de energía. Deberían ser los avances tecnológicos los que propiciaran la sustitución de los hidrocarburos, del mismo modo que el progreso en la aleación de metales permitió a nuestros antepasados prescindir de las piedras.

El desarrollo de la capacidad de computación también transformó profundamente la industria de servicios financieros. Uno de los cambios más llamativos fue la proliferación de productos de inversión. La digitalización permitía agrupar inversiones crediticias respaldadas por garantías hipotecarias; considerar su riesgo diluido por el mero hecho de que, al ser muchas hipotecas, no todas iban a convertirse en fallidas simultáneamente, titulizarlas como producto sin riesgo y venderlas a terceros. El impago de las hipotecas subyacentes fue el desencadenante de la crisis financiera de 2008-2009. Salvo casos aislados, en España no sufrimos el impacto de estos productos financieros tóxicos, pero también tuvimos nuestra crisis financiera derivada del sector inmobiliario, que se llevó por delante las cajas de ahorro.

Las crisis financieras suponen la parálisis de la economía. La necesidad de los bancos de recomponer su balance les obliga a restringir el crédito. La actividad económica se reduce: el consumo privado se limita y la inversión cae. Queda el recurso al gasto público, limitado en un entorno de déficits crecientes por la caída de ingresos fiscales y por las dificultades de acceso a la financiación en un entorno financiero restrictivo. Si sumamos el progresivo impacto de la deslocalización industrial derivada de la globalización y la percepción —difícilmente evitable en estas situaciones— de que los bancos importan más que las personas, la desafección social está servida. La derecha tradicional debe enfrentarse al hecho de que sus políticas liberales de desregulación financiera y de globalización comercial han propiciado crisis y transferido riqueza al exterior. Pero la izquierda clásica tampoco es solución. La propia transformación de China es la prueba evidente de que la economía de mercado es la mejor receta. La situación de pobreza absoluta de algunas reliquias comunistas como Cuba o Corea del Norte es la ratificación. La aventura socialista de Venezuela es todo un recetario sobre cómo destrozar la economía de uno de los países con más reservas de petróleo del mundo.

La negociación climática. De Kioto a París

Tras la firma y ratificación de la Convención Marco de Naciones Unidas sobre el Cambio Climático, en 2005 comenzaron a celebrarse las conferencias anuales de las partes firmantes (COP). Desde entonces se han celebrado todos los años, con la excepción de 2020, el año de la pandemia. De todas ellas, las más famosas han sido las de Kioto en 1997 (COP3) y la de París en 2015 (COP21).

El Protocolo de Kioto fue el primer acuerdo alcanzado para reducir las emisiones de gases de efecto invernadero. Pese a su fama, era un acuerdo modesto en su alcance y sus objetivos. Sólo obligaba a 36 países industrializados y a la Unión Europea a reducir sus emisiones un 5 % respecto al nivel de 1990. Los países implicados contaban con más de diez años para alcanzar la reducción acordada. El principio básico era que sólo los países ricos, responsables de la acumulación de dióxido de carbono en la atmósfera, eran los únicos a los que se les exigía reducir emisiones. China, que en 1997 era ya el tercer emisor del mundo, tras Estados Unidos y la Unión Europea, no adquiría compromiso alguno respecto a sus emisiones.

El proceso de ratificación del Protocolo de Kioto fue largo y complicado. Para entrar en vigor, según las previsiones del propio protocolo, se necesitaba la ratificación de al menos 55 países que representaran al menos el 55 % de las emisiones mundiales. En 2001, Estados Unidos, que había firmado el protocolo bajo la presidencia de Bill Clinton, se negó a su ratificación bajo la presidencia de George Bush (hijo), aduciendo, con bastante razón, que la exclusión de China y la India entre los países obligados convertían al protocolo en papel mojado. En 2004, la ratificación de Rusia permitió, por fin, su entrada en vigor, efectiva en febrero de 2005. Habían pasado quince años desde el Primer Informe de Evaluación del IPCC que advertía de que las actividades humanas estaban provocando una acumulación acelerada de gases de efecto invernadero en la atmósfera.

El Protocolo de Kioto introdujo, como posibilidad, que si una empresa emisora de dióxido de carbono ubicada en un país obligado a reducir emisiones invertía en un país no obligado y sus inversiones contribuían a reducir emisiones, dicha reducción podía ser contabilizada a su favor en el país de origen. Plantar árboles en Guatemala o instalar el tratamiento de residuos en una granja de cerdos en China permitía mantener inalteradas actividades industriales en Europa. Este tipo de ideas gustaba a los países obligados, que no se veían forzados a realizar modificaciones en sus procesos productivos, y a los países no obligados, potenciales receptores de inversiones que, de otra forma, no se hubieran producido. El sistema requería la certificación de las autoridades gubernativas del país receptor de la inversión, la certificación posterior de Naciones Unidas y, por último, la aceptación por parte de las autoridades medioambientales del país obligado a reducir sus emisiones. Todo un inmenso proceso burocrático de dudosa efectividad, porque las emisiones que debían reducirse no se reducían.

En las sucesivas COP se fueron delineando las posiciones negociadoras. Los países industrializados buscaban un esfuerzo colectivo. El crecimiento de las emisiones no permitía que nadie se quedara de brazos cruzados. Los países menos desarrollados y las economías emergentes buscaban financiación que les permitiera abordar las inversiones necesarias para modificar sus sistemas energéticos. En Copenhague (COP15), aunque no se produjo un acuerdo formal, se apuntó como objetivo que los países menos desarrollados recibieran 100.000 millones de dólares anuales de los países ricos en el horizonte de 2020.

Tras años de discusión, el acuerdo cristalizó en París en 2015 (COP21). Por primera vez, todos los países del mundo acordaron reducir sus emisiones de gases de efecto invernadero. El objetivo era impedir que el calentamiento de la atmósfera terrestre superara los 2 °C y, si fuera posible, mantenerlo en 1,5 °C. El esquema del acuerdo era que todos los países firmantes asumían de forma voluntaria sus respectivos compromisos. Ninguno tenía capacidad coactiva sobre otro. El problema subsiguiente es que la suma de los compromisos asumidos por los diferentes países conducía a una subida media de las temperaturas de 2,7 °C, más alto que el objetivo genérico del acuerdo. Algunas de las propuestas de los principales emisores del planeta eran, cuando menos, vaporosas: China, que ya en 2015 había superado a Estados Unidos como principal emisor, asumía como compromiso para 2030 que la participación de las renovables y de la energía nuclear en su consumo de energía primaria llegaría al 20 %. Traducido: carbón, petróleo y gas seguirían siendo el 80 % de su consumo a finales de esta década.

El Acuerdo de París otorgaba carta de naturaleza a los 100.000 millones de dólares anuales de financiación a los países menos desarrollados y, en su artículo 6, mantiene la posibilidad de la transferencia entre países de *créditos de mitigación*. El Acuerdo de París mantiene, por tanto, lo establecido en Kioto respecto a que inversiones que reduzcan emisiones en un país pueden ser contabilizadas en otros. Todavía hoy, en 2024, no se ha alcanzado un acuerdo sobre el desarrollo de este artículo. Como consecuencia, la generación de recursos por las economías emergentes gracias a la atracción de inversión para reducir emisiones está aún en discusión. Tampoco se han alcanzado los objetivos de financiación anunciados en Copenhague (2009) y ratificados en París (2015).

La diplomacia multilateral sobre desarrollo sostenible. Del Programa 21 a la Agenda 2030

Al margen de las conferencias anuales sobre el clima, el desarrollo sostenible siguió siendo objeto de numerosas reuniones en el marco de Naciones Unidas, tanto específicas —por ejemplo, la Cumbre de la Tierra de Johannesburgo 2002 o la Conferencia Río +20 en 2012, de nuevo en la ciudad brasileña— como en períodos extraordinarios de sesiones de la Asamblea General en 1997, 2000 —donde se fijaron los objetivos del milenio para el período 2000-2015—, 2008, 2010 y 2015 —en la que se aprobó la Agenda 2030, con sus diecisiete objetivos de desarrollo sostenibles (ODS).[19]

A lo largo de los años, la reducción de la pobreza en el mundo

19. El texto completo puede verse en «Resolución aprobada por la Asamblea General el 25 de septiembre de 2015», Asamblea General de las Naciones Unidas, 2015, <https://unctad.org/system/files/official-document/ares70d1_es.pdf>.

derivada de la globalización y la transformación capitalista de China quitaron fuerza a la utilización del desarrollo sostenible como contraposición radical a la economía de mercado. Ha sido necesario dotar de sutileza a la argumentación. El problema no es tanto del modelo como de su resultado: el crecimiento económico. Crecer es, a fin de cuentas, incompatible con la sostenibilidad, concepto que se expande hasta alcanzar todos los ámbitos de la vida social. La lectura de los diecisiete objetivos de la Agenda 2030, el producto más acabado de la factoría de Naciones Unidas, confirma este carácter expansivo, además de una incorregible tendencia a mezclarlo todo, a obviar la diferente gravedad de los problemas y a considerar que cualquier solución que merezca la pena pasa por la consecución global y simultánea de todos los objetivos englobados bajo el paraguas del desarrollo sostenible.

OBJETIVOS DE DESARROLLO SOSTENIBLE

Objetivo 1. Poner fin a la pobreza en todas sus formas y en todo el mundo

Objetivo 2. Poner fin al hambre, lograr la seguridad alimentaria y la mejora de la nutrición y promover la agricultura sostenible

Objetivo 3. Garantizar una vida sana y promover el bienestar de todos a todas las edades

Objetivo 4. Garantizar una educación inclusiva y equitativa de calidad y promover oportunidades de aprendizaje permanente para todos

Objetivo 5. Lograr la igualdad de género y empoderar a todas las mujeres y las niñas

Objetivo 6. Garantizar la disponibilidad y la gestión sostenible del agua y el saneamiento para todos

Objetivo 7. Garantizar el acceso a una energía asequible, fiable, sostenible y moderna para todos

Objetivo 8. Promover el crecimiento económico sostenido, inclusivo y sostenible, el empleo pleno y productivo y el trabajo decente para todos

Objetivo 9. Construir infraestructuras resilientes, promover la industrialización inclusiva y sostenible y fomentar la innovación

Objetivo 10. Reducir la desigualdad en los países y entre ellos
Objetivo 11. Lograr que las ciudades y los asentamientos humanos sean inclusivos, seguros, resilientes y sostenibles
Objetivo 12. Garantizar modalidades de consumo y producción sostenibles
Objetivo 13. Adoptar medidas urgentes para combatir el cambio climático y sus efectos*
Objetivo 14. Conservar y utilizar sosteniblemente los océanos, los mares y los recursos marinos para el desarrollo sostenible
Objetivo 15. Proteger, restablecer y promover el uso sostenible de los ecosistemas terrestres, gestionar sosteniblemente los bosques, luchar contra la desertificación, detener e invertir la degradación de las tierras y detener la pérdida de biodiversidad
Objetivo 16. Promover sociedades pacíficas e inclusivas para el desarrollo sostenible, facilitar el acceso a la justicia para todos y construir a todos los niveles instituciones eficaces e inclusivas que rindan cuentas
Objetivo 17. Fortalecer los medios de implementación y revitalizar la Alianza Mundial para el Desarrollo Sostenible

* Reconociendo que la Convención Marco de las Naciones Unidas sobre el Cambio Climático es el principal foro intergubernamental internacional para negociar la respuesta mundial al cambio climático.

La resolución de la Asamblea General de Naciones Unidas de 25 de septiembre de 2015 aprueba la Agenda 2030 para transformar nuestro mundo a través del desarrollo sostenible. Es una resolución de cuarenta páginas que pretende abordar el desarrollo sostenible en sus tres dimensiones: económica, social y ambiental. Sus diecisiete objetivos se complementan con 169 metas conexas, constituyendo un conjunto de «carácter integrado e indivisible».

La lectura detenida de los diecisiete objetivos ofrece una sencilla conclusión: su consecución es deseable y necesaria. Cierto es que en su redacción no falta ni uno solo de los vocablos avalados por el ecologismo más acendrado: que los asentamientos humanos sean «inclusivos, seguros, resilientes y sostenibles» debe de querer decir que sean dignos, pero seguro que algún matiz fundamental se nos escapa a los lectores menos avezados en el conocimiento del lenguaje *verde*. Dicho esto, no es posible oponerse frontalmente a ninguno de los diecisiete objetivos. Todos deberían convertirse en realidad.

De la Agenda 2030 llama la atención cómo el concepto de desarrollo sostenible se expande sin límites hasta desembocar en la sostenibilidad. De la sucinta definición derivada del *Informe Bruntland* de 1987, «desarrollo que satisface las necesidades del presente sin comprometer la capacidad de las generaciones futuras de satisfacer las suyas», hemos pasado a la triple dimensión «económica, social y ambiental». Incluye la justicia, la igualdad de género, el saneamiento de aguas o la lucha contra el cambio climático entre otras muchas cuestiones, unas de carácter medioambiental y otras que nada tienen que ver con los recursos naturales.

La consideración de la Agenda 2030 como un todo «integrado e indivisible» tampoco tendría consecuencias demasiado graves si no se utilizara de forma torticera en el debate ideológico. El problema sigue siendo el mismo: la aspiración de la izquierda de utilizar el desarrollo sostenible como cemento ideológico de un conglomerado diverso que trata de poner freno a la economía de mercado. Es el planteamiento vigente desde la Cumbre de Río, reforzado y sofisticado a lo largo de los años. La ampliación del concepto de desarrollo sostenible y su consideración «integrada e indivisible» es la antesala de la *apología del decrecimiento*.[20] Es el paso previo a considerar incompatibles el cre-

20. La primera vez que vi escrita esta expresión fue en una nota del Círculo de Economía de Barcelona de octubre de 2021: «Pero la apología del decrecimiento es una irresponsabilidad que una economía europea abierta no se puede permitir. El decrecimiento no es creíble ni siquiera en el ámbito del cambio climático. En los países industrializados se está demostrando que se pueden compatibilizar el crecimiento económico y la disminución de emisiones. Científicos y economistas apuntan que la tecnología y la innovación serán parte de la solución al problema, y sin crecimiento y beneficios empresariales reinvertidos en investigación, no se podrá avanzar». El texto completo puede consultarse en «Nota de Opinión. Barcelona y Cataluña: un modelo compartido de prosperidad es necesario y urgente», Cercle d'Economia, 13 de octubre de 2021, <https://cercledeconomia.com/

cimiento económico y la sostenibilidad, cuyo significado es ya lo suficientemente omnicomprensivo como para ser utilizado en todo tiempo y lugar.

La década peligrosa

El año 2015 terminó con la aprobación de la Agenda 2030 y el Acuerdo de París. En 2016, Estados Unidos proporcionaba al mundo una inesperada sorpresa. En las elecciones presidenciales se produjo la victoria de Donald Trump, un empresario inmobiliario conocido gracias a un programa de televisión en el que se dedicaba a despedir a candidatos a empresarios. Crítico con la «casta» política de Washington, opuesto a la inmigración y a la liberalización del comercio internacional, su lema era «Make America Great Again». Sus ideas, pocas más que las citadas. Lo peor, su improvisación continua y, en consecuencia, la imprevisibilidad de sus políticas.

Una de sus primeras decisiones fue retirar a Estados Unidos del Acuerdo de París. Consideraba que el calentamiento global y el cambio climático eran patrañas de la izquierda internacional cuyo único objetivo era debilitar a Estados Unidos. Construir un muro en la frontera con México e imponer aranceles a las importaciones chinas completaron sus más importantes iniciativas políticas. Eran una zafia respuesta a los problemas planteados, pero la zafiedad suele ser sencilla y comprensible. Todo se explica como un mecanismo de acción y reacción. Ante la inmigración, un muro. Ante la competitividad china, impuestos que encarezcan sus exportaciones. El problema con el calentamiento global es su complejidad, las múltiples aristas que plantea y lo difícil de su solución. Además, Estados Unidos, gracias al *fracking*, estaba en camino de alcanzar su autosuficiencia energética. La solución más sencilla, o más zafia, si se prefiere, era negar la existencia del problema. Si no hay problema, no es necesario implementar solución alguna.

---

lang-es/pag/arxiu/?id=17949&t=nota-de-opinion-barcelona-y-cataluna-un-modelo-compartido-de-prosperidad-es-necesario-y-urgente>.

La eclosión de Trump no era un fenómeno aislado. En las economías desarrolladas, la transferencia de riqueza al exterior como consecuencia de la globalización y el declive demográfico suplido con inmigración han producido, con carácter general, un rechazo generalizado que ha dado lugar al desarrollo de partidos políticos de extrema derecha. Son partidos que, o niegan el calentamiento global o niegan que la actividad humana tenga algo que ver. La conclusión es que no hay que hacer nada y que todo debe seguir como hasta ahora.

La derecha o el centroderecha tradicional ha huido del debate político sobre el clima o sobre el desarrollo sostenible. La evidencia empírica sostenía la superioridad de la economía de mercado y los debates de Naciones Unidas sobre desarrollo sostenible se consideraban, en el fondo, inocuos. La Agenda 2030 no tenía, en el momento de su aprobación por la Asamblea General de Naciones Unidas, el significado político que luego ha ido adquiriendo. Formaba parte de la corriente general de pensamiento. La emergencia de partidos de extrema derecha y su negacionismo hacían que al centroderecha tradicional le incomodase la búsqueda de una posición propia en la que preconizara la reducción de emisiones pero, al tiempo, se alejara del intervencionismo de la izquierda y su apología del decrecimiento. El Protocolo de Kioto o el Acuerdo de París fueron ratificados por gobiernos europeos de todo signo político, pero sin entrar en el debate sobre las medidas necesarias para conseguir los objetivos comprometidos.

La emergencia de Trump y sus políticas fue seguida por la pandemia de la COVID-19. Un virus contagioso, detectado por primera vez en China, que rápidamente se propagó por el planeta. Según datos recientes de Naciones Unidas, entre 2020 y 2021 quince millones de personas fallecieron en el mundo a causa de la enfermedad. La respuesta de los gobiernos, con mayor o menor intensidad, fue decretar el cierre de toda actividad no declarada esencial y obligar a la población a permanecer en sus casas durante semanas e incluso meses. El desarrollo, en un tiempo récord, de vacunas a partir de tecnología genética permitió aliviar una crisis que supuso el derrumbe del PIB mundial. Con independencia del origen del virus, la globalización fue considerada culpable en primera persona de la propagación de la enfermedad.

Biden derrotó a Trump en las elecciones presidenciales norteamericanas celebradas en noviembre de 2020. Trump no aceptó la derrota y vivimos el bochornoso espectáculo del asalto al Capitolio para impedir que el Congreso estadounidense nombrara presidente a Joe Biden. La nueva presidencia arrancó con un incremento notabilísimo de la inflación en Estados Unidos y en el resto del mundo. La reapertura de la economía tras los cierres de la pandemia produjo un rápido e importante incremento de la demanda de muchos bienes. Esta demanda no pudo ser satisfecha por el distinto ritmo de levantamiento de las restricciones derivadas de la COVID-19. China mantuvo restricciones parciales hasta 2022. Dada la integración internacional de muchas cadenas de valor, con componentes producidos en distintos países, la recuperación de la demanda no pudo ser atendida. Además, hubo que recomponer cadenas logísticas que el parón de la pandemia había deshecho. Fueron especialmente notorios los problemas en el puerto de Los Ángeles, donde se concentra la recepción de la mayor parte de las importaciones estadounidenses procedentes de Asia. La demanda sin atender produjo incrementos notables de precios. La inflación provocó la respuesta de los diferentes bancos centrales, que subieron los tipos de interés, pues éstos, como consecuencia de la pandemia, estaban cercanos a cero. La subida de los tipos de interés supuso un frenazo adicional a la actividad económica.

El presidente Biden, pocos días después de su toma de posesión, firmó una orden ejecutiva para que Estados Unidos se adhiriera de nuevo al Acuerdo de París y se comprometiera reducir sus emisiones. Con motivo de la pandemia, la producción de petróleo en Estados Unidos había bajado de 12,3 a 11,3 millones de barriles diarios. El precio había caído más de 20 dólares por barril, hasta los 42 dólares. Todo el mundo esperaba que la producción se recuperara en 2021, pero no lo hizo. De hecho, bajó otros 100.000 barriles diarios. El precio subió hasta 71 dólares por barril. Esta caída de la producción y la subida de precios y su correspondiente efecto inflacionista se atribuyeron a la política climática de Biden. Pero la realidad es más compleja. La subida de tipos de interés frenó la actividad de los centenares de empresas medianas y pequeñas que operan en el mercado norteamericano. La ruptura de las cadenas de suministro también afectó a material y piezas de repuesto indispensables en la actividad petrolera. Más importante aún es la característica esencial de los pozos de *fracking*: en dieciocho meses producen el 80 % de lo que van a producir en toda su vida útil. La industria se ha adaptado y la práctica habitual es perforar los pozos, pero no *completarlos* —ponerlos a producir—, hasta que el precio es satisfactorio. En términos económicos, el *fracking* ha incrementado notablemente la elasticidad precio de la oferta de petróleo. Sea como fuere, la política climática de Biden quedó ligada a la caída de la producción de crudo y al incremento de la inflación.

Sin embargo, desde 2021, los precios se han mantenido aún más altos y la producción norteamericana no hace más que batir récords. En 2024 se espera que alcance los 13,2 millones de barriles diarios, pero la idea de que Biden y su política climática han alimentado la inflación permanece en el ideario del ciudadano medio estadounidense.

Biden no alteró la política de Trump frente a China. El gigante asiático desafía la hegemonía estadounidense. No se trata sólo de imponer aranceles a las importaciones chinas, sino, sobre todo, de impedir transferencias de tecnología norteamericana que pueda ser utilizada para recortar la ventaja que, sobre todo en este campo, aún mantiene Estados Unidos. La cooperación, si se quiere, ingenua, del pasado, ha sido sustituida por una rivalidad militante. La globalización, tal y como la hemos conocido, pasa a ser historia. Vuelve la política de bloques.

Antes de la caída del Muro de Berlín, símbolo de la Guerra Fría, la distancia física entre Moscú y el territorio OTAN, la alianza militar liderada por Estados Unidos, era de unos 2.000 kilómetros. Tras la disolución de la Unión Soviética en 1991 y la incorporación de las repúblicas bálticas a la OTAN, esa distancia no llega a 700 kilómetros. Las repúblicas bálticas molestan, pero tienen poca superficie y población y el mar a sus espaldas. La gran preocupación estratégica rusa fueron siempre Bielorrusia y Ucrania, cuyos inmensos territorios constituían el colchón logístico que separaba Moscú de Europa central. Bielorrusia nunca ha supuesto un problema: Alexander Lukashenko gobierna desde 1994 y mantiene una sólida alianza con Rusia. No permite ni la más mínima veleidad democrática ni gesto alguno que pudiera interpretarse como acercamiento a Occidente.

Ucrania ha sido siempre más complicada. Hasta 2004, el presidente Leonid Kuchma mantuvo una posición prorrusa. En las elecciones de 2004 se impuso el prorruso Viktor Yanukovich, pero la Revolución Naranja forzó una repetición de las elecciones ante las evidencias de fraude. La victoria fue para el candidato proeuropeo, Viktor Yuschenko. En 2010 Yanukovich ganó las elecciones, pero en 2014 una nueva revuelta popular le obligó a exilarse en Rusia. Durante su mandato había cedido a la flota rusa el uso de la base de Sebastopol, situada en Crimea, en el mar Negro. Ante la salida del poder de Yanukovich, Rusia invadió Crimea y forzó la independencia *de facto* de las regiones orientales de Ucrania, limítrofes con Rusia. Las hostilidades entre ambos países se mantuvieron latentes hasta que, en febrero de 2022, Rusia decidió dar una vuelta más de tuerca a la situación y su ejército invadió Ucrania.

Rusia es el país con mayores reservas de gas del mundo y el segundo productor mundial tras Estados Unidos. En 2019, el año anterior a la pandemia, había consolidado su posición como primer exportador mundial. Su primer mercado era Europa, a la que suministraba más del 40 % de sus necesidades. Aunque desde 2017 empezaron a llegar cargamentos de gas natural licuado ruso en barco, el grueso de este suministro se efectuaba por tubería. En 2020, la pandemia produjo una caída de demanda y la subsiguiente reducción de precios. Algunos compradores europeos aprovecharon la situación para cambiar la referencia de precio del contrato, pasando a utilizar el precio al contado europeo, más conocido como TTF (Title Transfer Facility). En 2021, Rusia redujo sus suministros a Europa, pese a que la demanda era claramente superior tras el final de la pandemia. También redujo al mínimo el volumen de gas de los almacenes subterráneos que controlaba en Alemania. Los precios al contado se dispararon. La modificación contractual permitió que Rusia vendiera menos cantidad e ingresara más dinero. La subida de los precios del gas supuso la inmediata subida de los precios de la electricidad. Rusia había declarado la guerra energética a los potenciales aliados europeos de Ucrania meses antes de que sus tanques entraran en Kiev.

La primera consecuencia de la guerra de Ucrania es la consolidación de la nueva política de bloques. A la vertiente comercial y tecnológica se añade la militar. China se alineó con Rusia e Irán se apuntó a la fiesta suministrando drones militares al ejército ruso. La segunda consecuencia es el entierro del modelo alemán y, por extensión, europeo. Comprar energía barata a Rusia, vender bienes de equipo y tecnología y comprar insumos baratos a China, así como contar con la protección militar de Estados Unidos ya no es posible. La guerra de Ucrania supone también volver a dar protagonismo a la seguridad de suministro como pilar básico de la política energética. La energía tiene que ser barata, tiene que ser limpia, pero su suministro tiene, igualmente, que estar asegurado.

El último hito de esta década peligrosa ha sido la guerra en Gaza. El 7 de octubre de 2023 los milicianos de Hamás atacaron Israel desde la Franja de Gaza. El ataque se saldó con 1.200 muertos israelíes, entre ellos 300 soldados, y unas 140 personas secuestradas. Israel invadió la Franja de Gaza con el objetivo declarado de destruir a Hamás y su infraestructura subterránea de túneles, refugios y arsenales. Tras seis meses de guerra, la destrucción física en Gaza es inmensa y la cifra de fallecidos supera los 38.000, sin que las fuentes palestinas que ofrecen estas cifras distingan entre población civil y milicianos de Hamás.

Irán es la mano que mueve los hilos de Hamás en Gaza y Hizbulá en el Líbano. El ataque de Hamás se produjo en vísperas de un posible acuerdo entre Arabia Saudita e Israel que, en estos momentos, ha quedado indefinidamente en suspenso. El impacto en el mercado energético mundial del conflicto de Gaza es, de momento, limitado. El problema sería una escalada que involucrara a Irán y su capacidad de exportación de petróleo o, peor aún, una escalada que afectara a todo el tráfico marítimo del golfo Pérsico o Arábigo, según se mire.

El Sexto Informe de Evaluación del Grupo Intergubernamental de Expertos sobre el Cambio Climático (IPCC)[21]

Desde su primer informe publicado en 1990, los trabajos del IPCC han ido adquiriendo complejidad y rigor. Están estructurados en torno a tres grupos de trabajo que publican sus conclusiones por separado. El primer grupo se centra en la base científica, el segundo en los impactos, adaptación y vulnerabilidad y el tercero en la mitigación del cambio climático. El último informe, publicado entre 2021 y 2023, es el sexto. El IPCC trabaja con diferentes escenarios. En el análisis gráfico que sigue (gráfico 1.6) se observa la evolución prevista de la temperatura media de la Tierra a lo largo del presente siglo de acuerdo con la evolución de las emisiones de gases de efecto invernadero.

Gráfico 1.6. Cambio en la temperatura global de la superficie en relación con 1850-1900

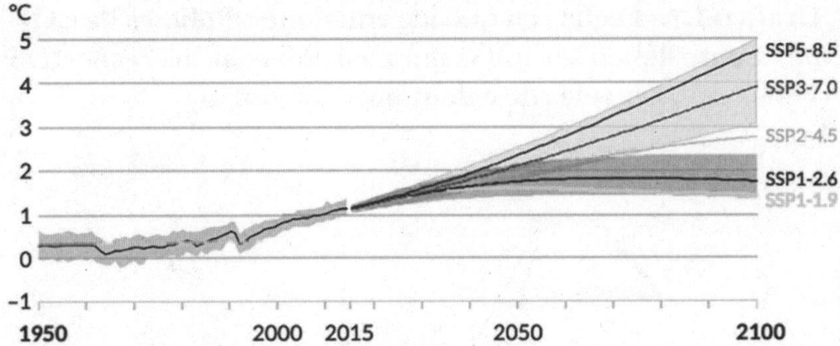

Fuente: Informe Grupo de Trabajo I del IPCC (2021).

Por simplificar, los diferentes escenarios se refieren a emisiones muy bajas, bajas, intermedias, altas y muy altas. Las emisiones muy bajas suponen una reducción continua desde ahora, alcanzar emisiones cero en 2060 y mantener emisiones negativas desde entonces hasta 2100. El caso de emisiones bajas supone una reduc-

21. Véase la nota 9.

ción de emisiones más paulatina, de forma que el cero se lograría en 2080. Las emisiones medias suponen que se llegaría a la máxima concentración de dióxido de carbono en la atmósfera en 2040, para iniciar una posterior reducción que permitiría que a final de siglo la concentración de dióxido de carbono se rebajara a la mitad. Las emisiones altas suponen doblar la concentración de dióxido de carbono en la atmósfera de aquí a final de siglo. Las emisiones muy altas, por último, supondrían doblar la concentración de dióxido de carbono en la atmósfera de aquí a 2050 y cuadruplicarla entre 2080 y 2090, nivel desde el que se iniciaría un leve descenso.

Una política de *business as usual*, es decir, mantener inalterada la estructura del sistema energético mundial, conduciría al escenario de emisiones muy altas. Las emisiones medias corresponden al cumplimiento de los compromisos voluntarios incluidos en el Acuerdo de París. Un cumplimiento parcial de estos compromisos nos podría situar en un escenario similar al de emisiones altas. Los escenarios de emisiones bajas y muy bajas requieren un esfuerzo colosal.

Gráfico 1.7. Fechas en que las emisiones globales de CO_2 equivalente deben ser nulas para así alcanzar los respectivos niveles de calentamiento global

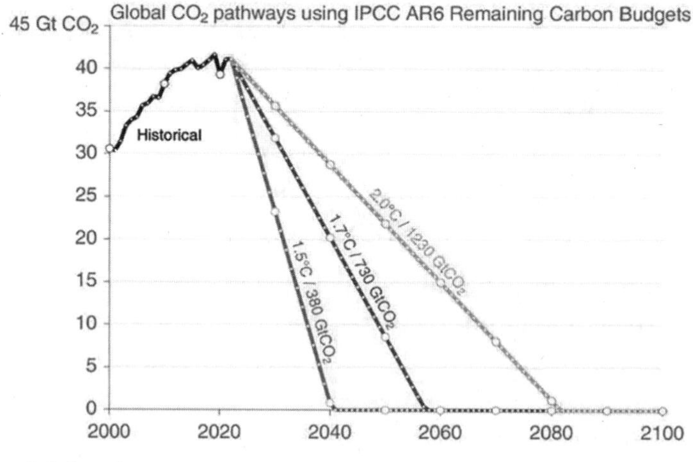

Fuente: Global Carbon Project.

Las sendas que conducen a incrementos de temperatura inferiores a 2 °C parecen inalcanzables. Desde la época preindustrial, las temperaturas medias han subido 1,1 °C. Los científicos del IPCC han establecido una correlación entre la cantidad de dióxido de carbono en la atmósfera y el aumento de las temperaturas. Las líneas descendentes del gráfico 1.7 incorporan el *presupuesto* de dióxido de carbono: la cantidad de emisiones que podemos todavía lanzar a la atmósfera para cada incremento de temperatura. En 2023, las emisiones mundiales fueron unas 41 gigatoneladas de dióxido de carbono. Dividir cualquiera de los presupuestos por esta cantidad nos proporciona el número de años disponibles. Nueve para 1,5 °C, dieciocho para 1,7 °C y treinta años para 2 °C. En la medida en la que las emisiones se reduzcan con rapidez se ganarán más años. Reducciones lineales, iguales año tras año, son las representadas en el gráfico. Incluso la menos ambiciosa de las tres hipótesis, limitar el incremento a 2 °C, requiere introducir cambios radicales e inmediatos en un mundo en el que el consumo de los combustibles fósiles crece imparablemente. Este análisis, hecho público en 2021 pero cuyos datos básicos eran conocidos de antemano, es el que precipitó los compromisos de varios países desarrollados, con Estados Unidos y la Unión Europea a la cabeza, de alcanzar emisiones netas cero en 2050.

La reducción natural del dióxido de carbono almacenado en la atmósfera es un proceso de siglos, por lo que parte de los efectos de las emisiones son ya irreversibles. En 2040, en cualquier escenario de emisiones, el incremento medio de la temperatura se situará en el entorno de 1,5 °C. La variabilidad derivada de los distintos escenarios de emisiones empieza a ser real según pasa el tiempo. En los escenarios de bajas emisiones es posible que no se alcancen los 2 °C en 2060, pero, aunque la probabilidad de que ocurra es baja, no es una hipótesis absolutamente descartable. Con emisiones medias sería el escenario central y con emisiones altas y muy altas estaríamos claramente por encima. A finales de siglo la variabilidad según escenarios sería alta. Bajas y muy bajas emisiones nos mantendrían cerca de los 2 °C; las emisiones medias, coincidentes con los compromisos del Acuerdo de París, elevarían la temperatura media cerca de 3 °C, mientras que los escenarios de altas y muy altas emisiones nos llevarían a unos 4 °C, aunque, en estos casos, los rangos de variación que proporciona el IPCC son especialmente amplios: desde los 2,8 °C de una circunstancia optimista de emisiones altas hasta los casi 6 °C en la situación más desfavorable de las emisiones muy altas.

En España, con una subida de la temperatura media de 4 °C, el clima desértico y semiárido de tipo cálido se extendería por la mitad oriental de la península ibérica y el clima mediterráneo se expandiría hacia el norte hasta ocupar la totalidad de la cornisa cantábrica. Las sequías serían recurrentes y prolongadas. La sequía que ahora se produce una vez cada diez años ocurriría con una frecuencia cinco veces mayor. La cubierta de nieve en invierno descendería un 25 %. Los fenómenos atmosféricos extremos se reproducirían con asiduidad: olas de calor con picos de temperatura que superarían hasta en 5 °C los récords actuales, lluvias torrenciales y vientos huracanados. Con un incremento medio de la temperatura de 2 o 3 °C, los efectos serían similares, pero con impactos más reducidos.

En ocasiones se habla de *apocalipsis climático*. No es el escenario previsto. El número de fallecidos en incendios, inundaciones o riadas crecerá. El impacto en vidas humanas de las olas de calor será más alto. En todo caso, salvo para las familias afectadas, nada con lo que no estemos habituados a convivir. En 2023, fallecieron en España 1.143 personas en accidentes de tráfico. Se calcula que las muertes por el tabaco ascienden a 63.000 al año. Son cifras que, ni de lejos, se alcanzarán a consecuencia del calor o de fenómenos atmosféricos extremos. El impacto será, sobre todo, económico. Un 15 % de nuestro PIB son más de 200.000 millones de euros de 2022 al año. Nuestra principal industria, el turismo, se vería seriamente amenazada. Perderemos población, productividad y riqueza. Para economías emergentes, con menos recursos que España —a fin de cuentas, somos la decimoquinta economía del mundo—, el impacto puede ser aún más importante, con mayores consecuencias en desplazamiento de población y emigración hacia latitudes con temperaturas más benévolas.

En ocasiones se asocia el apocalipsis climático con el crecimiento del nivel del mar. Es cierto que ha crecido unos 20 centímetros desde 1900 y se espera que lo haga, en función del escenario de emisiones, entre 30 centímetros y 1 metro para 2100. Son subidas que pueden generar problemas, incluso graves, en algunas geografías. Los niveles catastróficos se demorarán bastante. Con un incremento de la temperatura de 4 °C, correspondiente a emisiones altas, el nivel del mar subiría entre 12 y 16 metros en 2000 años y entre 19 y 33 metros en 10.000 años. Para entonces, la humanidad debería haber resuelto el problema.

Una catástrofe lejana en el tiempo no nos debe hacer olvidar la importancia del mar. Cada vez le «obligamos» a absorber más dióxido de carbono, lo que incide en su acidificación y en la temperatura del agua. Un mar más ácido es perjudicial para los corales de aguas cálidas y la vida marina que atesoran. La subida de la temperatura del agua favorece la evaporación. Como el vapor de agua ejerce un potente efecto invernadero, se refuerza el calentamiento de la atmósfera. La temperatura también incide en el desplazamiento de especies marinas, con el consiguiente impacto en las poblaciones que viven de la pesca. El mar es fuente de vida. Contribuye de forma poderosa al actual clima de la Tierra, gracias al cual los humanos hemos prosperado. Cambios en la temperatura, salinidad o acidez del mar pueden acabar afectando las corrientes marinas, frías o cálidas, que hoy recorren los océanos. Los cambios en estas corrientes pueden tener un impacto más que notable en el clima.

De nuevo, nos encontraríamos en un problema de adaptación, no de supervivencia. En la última glaciación, el nivel del mar era unos 120 metros inferior al actual. Hace millones de años los niveles de dióxido de carbono en la atmósfera eran muy superiores a los actuales. El conocido eslogan de que «no hay planeta B» no responde a un diagnóstico correcto del problema. Vamos camino de 9.000 millones de seres humanos y estamos cambiando la composición de la atmósfera gracias a la cual vivimos; hemos crecido y *conquistado* el planeta. La Tierra tiene miles de millones de años por delante. El *Homo sapiens* deberá acreditar, una vez más, su sabiduría si quiere mantener las condiciones de vida que le han hecho triunfar.

2

La solución

Reducir emisiones. Consideraciones iniciales

Reducir las emisiones de dióxido de carbono y otros gases de efecto invernadero a la atmósfera es, sobre todo, un problema de política energética. El 88 % de las emisiones procede de la quema de combustibles fósiles, cuyo consumo está dedicado a proporcionar calor y movimiento. A suministrar, en una palabra, energía. Mezclar la reducción de emisiones con la biodiversidad, los microplásticos o la calidad de las aguas, cuestiones de indudable importancia, no ayuda. Pone en pie de igualdad problemas de muy diferente alcance y trascendencia. Siempre es mejor hablar de *transición energética* que de *transición ecológica.* El principal problema por resolver queda identificado.

La política energética tiene el triple objetivo de asegurar el suministro de energía, conseguir que esa energía sea lo más barata posible y, desde hace algunas décadas, lograr que la energía suministrada no genere emisiones de dióxido de carbono. Se ha dicho que la política energética, en su regulación en los distintos países, ha sido dirigida por ingenieros, con una inveterada tendencia a olvidar las restricciones económicas propias del cualquier producto que se compra y se vende, o por economistas, con una reiterada inclinación a obviar las restricciones técnicas del suministro de energía. Ahora contamos con un tercer grupo de actores, los ecologistas, con una querencia radical a no tener en cuenta ni las restricciones técnicas ni las económicas.

La actual configuración del sistema energético mundial no es fruto de una oscura conspiración de los poderes ocultos de Wall Street. Es el resultado de la ventaja competitiva de los combustibles fósiles. El carbón es abundante y posee gran poder calorífico. El petróleo y sus derivados tienen una densidad energética por volumen que los hacen imbatibles: la cantidad de energía contenida en un litro de gasolina es muy superior, por ejemplo, a la contenida en un litro de hidrógeno o en una batería eléctrica. En los principios de la industria del automóvil se usaron motores eléctricos. La facilidad de transporte y manejo de la gasolina inclinó la balanza hacia el petróleo y sus derivados. El gas natural, por su parte, no necesita transformación. Basta con separar algunos hidrocarburos líquidos y agua en el momento de su extracción. Del yacimiento se transporta directamente al punto de consumo. Además, su combustión es limpia y regulable. La posibilidad de licuarlo y volver a convertirlo en gas ha permitido la creación de un mercado mundial.

Sustituir productos competitivos por densidad energética, precio y facilidad de manejo no es fácil, sobre todo cuando no se vislumbran alternativas accesibles que den una respuesta completa a las necesidades energéticas de nuestras sociedades.

Las posibilidades disponibles requieren, en ocasiones, desarrollos tecnológicos y generación de economías de escala que suponen inversiones masivas cuya rentabilidad es hoy todavía incierta. El proceso debe abordarse desde una estricta neutralidad tecnológica. No es posible discernir por anticipado qué tecnología va a ser la más competitiva en un determinado proceso o aplicación, siempre que todas las tecnologías sujetas a comparación reduzcan o eliminen las emisiones. Será la dinámica del mercado la que dicte sentencia. *Neutralidad tecnológica* significa que los poderes públicos tienen que respetar lo que el mercado determine. Es difícil para quien, por definición, tiene ya todas las respuestas.

El cambio de sistema energético supone ingentes inversiones. En el ámbito privado toda inversión se aborda tras un detenido análisis de rentabilidad, esto es, una valoración de costes y beneficios. Desde el ámbito público, el proceso se aborda desde la vertiente de la regulación y, también, desde la vertiente de la concesión de ayudas públicas a todo el proceso inversor. La regulación debe ser respetuosa con la necesaria neutralidad tecnológica y tender a minimizar las inversiones necesarias. La sustitución de activos disponibles que puedan ser utilizados en un sistema energético sin emisiones de dióxido de carbono nunca va a ser rentable. Si un gasoducto adaptado es capaz de transportar hidrógeno, no tiene sentido su sustitución por uno de nueva construcción. Si una central eléctrica es capaz de producir electricidad sin emisiones, no tiene sentido económico su cierre. La rentabilidad del dinero público tiene que medirse en términos de reducción de emisiones. Sabemos que las emisiones de dióxido de carbono se acumulan en la atmósfera, por lo que cualquier disminución es buena, ya que se reduce la acumulación. El análisis de rentabilidad no requiere que las emisiones lleguen a cero. Basta con que se produzca una reducción suficiente. Sustituir un coche diésel de hace veinte años por un coche diésel actual puede llegar a reducir más de un 20 % las emisiones de dióxido de carbono, hasta en un 80 % las emisiones de óxidos nitrosos y disminuir en un 90 % la emisión de partículas.[22] Podría tener sentido subvencionar el achatarramiento de coches diésel antiguos y su sustitución por coches nuevos, sujetos a una regulación ambiental mucho más exigente, aunque sean coches que sigan emitiendo. Este tipo de ayuda adquiere más sentido si se considera que los propietarios de coches de más antigüedad suelen tener una renta disponible más reducida. En el extremo contrario, si toda la producción eléctrica es renovable y todos los usos domésticos están electrificados, no tiene sentido, en términos de reducción de emisiones, subvencionar el aislamiento térmico de los edificios. En el ámbito empresarial, puede tener sentido para el sector público ayudar a garantizar que la inversión privada

22. Una comparación entre los requisitos de las sucesivas regulaciones europeas puede encontrarse en «De la Euro 0 a la futura Euro 7: así son las normativas medioambientales para vehículos de la UE», *RACE*, 21 de agosto de 2023, <https://www.race.es/normativa-euro-6>.

en reducción de emisiones va a alcanzar una rentabilidad suficiente. Este tipo de decisiones debe tomarse, en la medida de lo posible, limitando las ayudas en plazo y monto a través de un proceso competitivo y con respeto a la debida neutralidad tecnológica.

La *identidad de Kaya* fue desarrollada por el economista japonés Yoichi Kaya en 1993.[23] Expresa las emisiones de dióxido de carbono de un país en función de cuatro variables: población, PIB per cápita, intensidad energética e intensidad en carbono de la oferta de energía. Las dos primeras variables se explican por sí mismas. Cuanto más poblado y rico sea un país, más altas serán sus emisiones. La intensidad energética es la relación entre el consumo de energía y el PIB. En general, depende de dos factores: el primero es la estructura económica del país en cuestión. Un país con mucha industria básica, como cemento, acero o industria química tendrá una intensidad energética superior a la de un país con una economía muy tercerizada, donde la industria de todo tipo ha reducido su tamaño a favor del sector servicios. El segundo factor es la eficiencia energética: en una misma actividad económica, hay que observar cuánta energía se necesita para obtener una unidad de producto. La última variable es el *grado de carbonización* de la oferta de energía, o sea, cuántas emisiones de dióxido de carbono se generan en la producción y consumo de energía. El corolario es que la reducción de emisiones puede conseguirse reduciendo población, reduciendo el PIB per cápita y reduciendo el peso de la industria en el PIB y, por tanto, el consumo de energía. Sería la arcadia feliz de la apología del decrecimiento, la sostenibilidad como coartada indiscutible para poner freno a la economía de mercado. En contraposición, la vía virtuosa sería que la población crezca, el PIB per cápita se incremente —lo que requiere un crecimiento del PIB superior al de la población—, la eficiencia energética mejore y se descarbonice la oferta energética.

23. La obra más conocida de este economista japonés es Kaya, Yoichi; y Yokobori, Keiichi (eds.) es *Environment, energy, and economy: Strategies for sustainability*, United Nations University Press, Estados Unidos, 1997.

La cuestión de la industria merece alguna consideración adicional. La transferencia de riqueza de los países más desarrollados a países en vías de desarrollo, sobre todo a China, se hizo a expensas de un sector industrial, cuyo peso en el PIB se redujo a lo largo de los años. Si la aparición y crecimiento de un populismo de derechas está vinculado, como así parece, a la transferencia de riqueza derivada de la globalización, intentar revertir esa tendencia sería positivo para recuperar un cierto sosiego político en sociedades cada vez más polarizadas. Otra de las ventajas de la industria es la creación de un mayor valor añadido, lo que permite a su vez salarios más altos. Hay servicios, como los financieros, que también generan alto valor añadido, pero la hostelería, por ejemplo, genera un empleo de baja cualificación y productividad y, en consecuencia, bajos salarios. El caso de España puede servir de referencia: crece la población, crece el empleo y disminuye la renta per cápita. Aunque la renta per cápita media disminuya, siempre hay sectores económicos más dinámicos, como la industria remanente o servicios de alto valor añadido, en los que productividad y salarios suben. El resultado es una mayor desigualdad, motor argumental del populismo de izquierdas para intervenir mercados. La desigualdad y la sostenibilidad forman el caldo de cultivo en el que mejor se desenvuelve la apología del decrecimiento. La realidad empírica es que sin crecimiento económico no se corrigen las desigualdades. La realidad es que no pasa nada por consumir más energía, siempre que no se generen emisiones de dióxido de carbono. Crecer no es malo, es necesario.

Las economías emergentes tienen claro que su primera prioridad es el desarrollo económico, el incremento de su renta per cápita. Todavía hay en el mundo 800 millones de personas sin acceso a electricidad. Cuatro de cada cinco están en el África subsahariana. En África, Asia y Sudamérica, cerca de dos mil millones de personas aún cocinan con leña o con excrementos secos de animales. Para la totalidad de los gobernantes de estos países la reducción de emisiones no forma parte de sus prioridades. Su objetivo es proporcionar a su población el acceso a una energía segura y asequible. Con ese único propósito en mente, la ventaja competitiva de los combustibles fósiles es imbatible. Conviene no olvidar que la electricidad procedente de fuentes renovables es intermitente, depende del viento y del sol. El desarrollo significa que cuando das al interruptor tienes la certeza de que la luz se va a encender.

La reducción de emisiones tiene que producirse en el mundo que tenemos. Un mundo con tensiones crecientes, con una libertad comercial en retroceso y con lo que parece una vuelta irremediable a una política de bloques. Las implicaciones son bidireccionales. China es prácticamente autosuficiente en carbón y dependiente de suministros exteriores en petróleo y gas. En el mercado mundial de gas, Estados Unidos, Australia y Catar son los tres grandes exportadores mundiales. Es entendible la renuencia de China a abandonar el carbón que hoy proporciona más del 60 % de su electricidad. Por contra, la electrificación del transporte necesita baterías, mercado en el que China tiene hoy un liderazgo acreditado. Las baterías requieren determinados metales. China controla hoy más del 50 % de la capacidad de refino mundial de estos metales. Es por ello por lo que Europa y Estados Unidos se resisten a transformar su industria automovilística y hacerla dependiente de China.

La política de bloques, la necesidad de las economías emergentes de priorizar el desarrollo sobre las emisiones y, sobre todo, el estudio de la historia económica de los últimos dos siglos nos lleva a la conclusión de que la transición energética llevará más tiempo del que queremos. Desde los primeros vuelos de los hermanos Wright en 1905 hasta los primeros aviones a reacción pasaron casi cincuenta años y dos guerras mundiales. Veinte años más se necesitaron para la introducción de los aviones de fuselaje ancho, capaces de transportar más de trescientos pasajeros. La primera demostración pública del telégrafo se produjo en 1838. La primera línea telegráfica comercial entre Washington D. C. y Baltimore data de 1844. El teléfono se inventó en 1876. El primer teléfono móvil fue producido por Motorola en 1983. Apple comercializó su primer teléfono inteligente en 2007. Todo va más rápido ahora que antes, pero los veintiséis años que nos separan de 2050 no son suficientes para la magnitud del cambio que queremos acometer.

La tecnología nos acabará sacando del apuro. Como siempre ha hecho. Los recursos necesarios para financiar el esfuerzo de investigación básica y aplicada estarán disponibles, porque el cambio de nuestro sistema energético es necesario e imparable, lo que supone una potencial rentabilidad para todo aquello que contribuya a la descarbonización. La tecnología, además de tiempo y recursos, requiere ser observada desde una cierta distancia y con una saludable dosis de prudencia. Cualquier película futurista de Hollywood rodada en los años ochenta del siglo pasado incluía coches voladores, pero ninguna incluía los teléfonos inteligentes. La tecnología sorprende tomando derroteros imprevistos. También nos sorprenden las consecuencias de determinados avances. Los hermanos Wright pensaban en volar, pero jamás imaginaron el turismo de masas. Nuevos materiales pueden revolucionar infinidad de procesos industriales. Pretender desde el poder político definir cuál es la tecnología que debe triunfar e imponerse es, además de una prueba de ingenuidad, una apuesta arriesgada que puede saldarse con un fracaso notorio.

Ya tenemos la experiencia de resolver problemas relacionados con la atmósfera. Han sido de menor entidad, pero los hemos resuelto de forma aceptable. El primero fue la lluvia ácida. Se redujo el contenido de azufre de los derivados del petróleo y se instaló el lavado de humos en las chimeneas de las instalaciones que quemaban carbón. El agujero en la capa de ozono se corrigió suprimiendo los compuestos de cloro en refrigerantes y aerosoles. Fueron acuerdos internacionales los que establecieron las medidas a tomar.[24] Reducir emisiones requiere un esfuerzo infi-

24. El Protocolo de Montreal relativo a las sustancias que agotan la capa de ozono (1988) acordó la supresión de los compuestos de cloro en los refrigerantes. Entre otros acuerdos relevantes cabe citar el anexo VI del Convenio MARPOL para la reducción del contenido en azufre del combustible marino al 0,5 % a partir de 2020.

nitamente superior porque afecta a más del 80 % de la energía que se produce y consume en el mundo.

La electricidad

La forma más habitual de producir electricidad es calentar agua hasta producir vapor. El vapor mueve una turbina que genera electricidad. La fuente de calor suelen ser combustibles fósiles: carbón y gas. El consumo de productos petrolíferos en la generación eléctrica es residual en los países desarrollados. Las centrales nucleares funcionan con el mismo principio: el reactor genera calor que calienta agua y el vapor mueve la turbina. Siendo el mismo principio, hay dos grandes diferencias. La primera es que la energía nuclear no genera emisiones de dióxido de carbono. La segunda es la flexibilidad: una central nuclear no se puede apagar y encender a voluntad. Funciona con carácter permanente, veinticuatro horas al día, siete días a la semana. Sólo deja de funcionar para tareas de mantenimiento y recarga de combustible. Las centrales de carbón o gas pueden parar y arrancar a voluntad, con la diferencia de que las de carbón necesitan horas para empezar a producir electricidad, mientras que las de gas lo hacen en minutos. La flexibilidad es relevante porque la producción de electricidad tiene que coincidir en todo momento con la demanda. Cada vez que encendemos la luz estamos dando la orden de que, en algún sitio, se produzca la electricidad que empezamos a consumir.

También producimos electricidad sin calor, aprovechando el movimiento del agua al caer en el interior de una presa o el movimiento de las aspas de un molino. En ambos casos, se trata de energía renovable, obtenida gracias al agua y al viento. La diferencia es que la energía eólica es intermitente, funciona cuando sopla el viento, mientras que la energía hidráulica es una fuente de energía firme —funciona cuando se la requiere— y flexible: sólo es necesario abrir las compuertas para que el agua fluya, por lo que se puede arrancar y parar a voluntad, siempre que haya reservas suficientes.

La energía fotovoltaica es la única que no necesita movimiento. Funciona porque el impacto de los fotones —partículas que componen la luz— sobre paneles de silicio provocan el desplazamiento de electrones y la electricidad, es, en esencia, eso: electrones en movimiento. En el caso de la energía solar térmica volvemos al enfoque tradicional. El calor del sol se utiliza para generar vapor que mueve una turbina.

Otra posibilidad es la energía eléctrica producida a partir de biomasa, desde la madera a otros residuos orgánicos. Es el esquema clásico: calor, vapor, movimiento y electricidad, aunque algún tipo de biomasa puede requerir un tratamiento previo. La diferencia con los combustibles fósiles es que, si bien genera emisiones, se considera renovable porque el crecimiento de la biomasa absorbe el dióxido de carbono emitido o se evitan otro tipo de emisiones.

Completa el panorama la energía geotérmica: es, de nuevo, el principio clásico, pero, en este caso, el calor o el vapor de agua se obtienen directamente del subsuelo. Al no generar emisiones, se considera renovable.

En resumen, desde el punto de vista de las emisiones, las diferentes formas de producir electricidad se pueden clasificar en:

- Renovables con emisiones cero: solar fotovoltaica y térmica, eólica, hidráulica y geotérmica
- Renovables con emisiones netas cero: biomasa
- No renovables con emisiones cero: nuclear
- No renovables con emisiones: combustibles fósiles

Si consideramos la forma de funcionar, la clasificación podría ser:

- Intermitentes: solar fotovoltaica y eólica
- Firme de baja flexibilidad: nuclear
- Firme de flexibilidad media: carbón, biomasa, solar térmica
- Firme de alta flexibilidad: gas, hidráulica, geotérmica

La demanda eléctrica varía a lo largo de las horas del día, de los días de la semana o de las estaciones del año. Se demanda más en invierno y verano para atender la calefacción y la refrigeración; más en los días laborables que durante el fin de semana, y se demanda más en las primeras horas del día y las últimas de la tarde, cuando hay más actividad doméstica e industrial. Diseñar un sistema eléctrico requiere tener la certeza de que es posible abastecer la demanda máxima del año con total seguridad. Se necesita una potencia instalada que cubra dicha demanda con un margen de seguridad que garantice el servicio de energía ante todo tipo de incidencias, desde olas de frío o calor a averías de algunas centrales. En un sistema eléctrico clásico, con predominio de generación de energía basada en combustibles fósiles, es decir, generación firme y flexible, se considera que el margen de seguridad debería estar en el 30 %. El sistema debería de ser capaz de producir un 130 % de la demanda máxima esperada del año. Si un sistema eléctrico empieza a tener un porcentaje significativo de su producción renovable, deberá incrementar progresivamente su margen de seguridad, porque ni la energía eólica ni la fotovoltaica garantizan que funcionarán en los picos de demanda. En las noches frías del mes de enero no hay sol y es posible que no haya viento.

Además de que la oferta y la demanda eléctrica deben igualarse en todo momento, la otra restricción técnica básica del suministro eléctrico es que productores y consumidores deben estar unidos por cable. Las redes deben estar suficientemente malladas para mantener el suministro en caso de cortes o averías en una línea concreta. En su diseño y desarrollo deben evitarse congestiones, de forma que la producción alcance sin problemas el consumo y éste tenga garantizada la atención de su demanda. En muchos mercados existe la figura del *operador del sistema de transmisión* (TSO, por sus siglas en inglés), cuya misión es garantizar que la oferta y la demanda coincidan en todo momento, que el transporte de electricidad se adecúe a la capacidad de la red y que exista la suficiente capacidad disponible de transporte y generación como para asegurar el funcionamiento del sistema. Las líneas eléctricas son *monopolios naturales*. En mercados liberalizados no tiene sentido multiplicar líneas para que distintos proveedores puedan suministrar a un determinado consumidor.

La regulación establece el derecho de terceros de acceder a las redes, con independencia de quién sea el dueño de la red. Distintos operadores pueden suministrar electricidad a través de la misma red. Los clientes pueden contratar con uno u otro operador en función de las ofertas recibidas. El coste de usar la red es un precio regulado, fijado por la administración, para evitar el abuso de poder del propietario de la red de distribución eléctrica.

En los mercados liberalizados suele imponerse que, aunque formen parte de un mismo grupo empresarial, la persona jurídica que produce electricidad sea distinta de la que físicamente distribuye y diferente también de la que vende la electricidad a los clientes finales. Esta separación jurídica permite que haya competencia en generación y en comercialización, mientras que el transporte y la distribución permanecen como actividades reguladas. La competencia en generación se desarrolla a través de un mercado organizado que pide ofertas de acuerdo con la demanda esperada a los distintos operadores. Ganan la subasta aquellos que oferten más barato. El precio que se paga a todos los que finalmente producen es el precio ofertado por la última unidad de producción que es necesaria poner en marcha para atender la demanda. Es el *principio marginalista*, que garantiza que, a largo plazo, el precio de mercado sea el más bajo posible.

Comparar los costes de las distintas tecnologías que usamos para producir electricidad no es fácil. La diferencia básica que podemos establecer entre ellas es la derivada del peso de los costes fijos. Hay algunas, como las renovables o la nuclear, en las que el peso de los costes fijos es absolutamente determinante. El viento o el sol son gratis y el coste del combustible nuclear se diluye ante la magnitud de los costes fijos de una central nuclear. Las tecnologías que utilizan combustibles fósiles tienen unos costes fijos moderados, pero sus costes variables dependen del precio del gas o del carbón. Comparar costes por megavatio hora requiere utilizar una misma hipótesis sobre el coste del capital, adoptar criterios sobre la vida útil de cada tipo de central y sobre su producción anual y, por fin, uniformizar costes de mantenimiento y costes de combustible. El resultado final es el coste por megavatio hora generado a lo largo de la vida de la central. Este coste se conoce como *levelized cost of electricity* (LCOE) o, si se prefiere la traducción, 'coste nivelado de la electricidad'.[25]

Si una empresa se plantea acometer una nueva inversión para producir electricidad, las tecnologías más competitivas son, hoy en día, la solar fotovoltaica y la eólica terrestre. Sus costes varían en función de las horas de sol y de viento, pero, por término medio, pueden situarse entre los 30 y 40 euros por megavatio hora. A lo largo de los últimos 20 años, los costes de los paneles solares se han reducido en un 80 %, gracias a las economías de escala que la mayor demanda ha facilitado. Esta *curva de aprendizaje* se ha producido también en la fabricación de instalaciones eólicas, aunque en este caso llama más la atención el crecimiento del tamaño y potencia de los molinos.

Los primeros que se instalaron en España tenían una potencia de 0,25 y 0,5 megavatios, mientras que los que ahora se instalan tienen 5 o 6 megavatios, con la consiguiente reducción del coste por megavatio hora producido. Es difícil que se sigan produciendo reducciones de costes al ritmo de estos años, pero caben optimizaciones adicionales como la *hibridación* de instalaciones eólicas y fotovoltaicas, que maximiza las horas de producción por punto de conexión a la red, o la instalación de baterías. El mercado eléctrico fija precios cada hora. En las horas centrales del día, con demanda no muy alta y concentración de la producción solar, los precios tienden a ser más bajos. En las primeras horas de la noche, con la demanda doméstica elevada y sin sol, los precios tienden a subir. Este arbitraje de precios es el que debe justificar las inversiones en baterías. Se almacena electricidad con precios bajos y se vende a precios más altos. Con el coste actual de las baterías la rentabilidad de su instalación es dudosa. Si la reducción de sus costes se mantiene al ritmo actual, su instalación se generalizará.

El coste de generar electricidad con gas natural es una variable que depende del coste de este combustible. En Europa, con

25. Tanto la EIA (Energy Information Administration) de Estados Unidos para su mercado como la IEA para todas las áreas del mundo (International Energy Agency) publican cálculos sobre el LCOE.

un precio del gas de 30 euros por megavatio hora, el coste de la electricidad se sitúa en unos 80 euros por megavatio hora. En Estados Unidos, con un precio del gas que es la cuarta parte del europeo, la electricidad producida con este combustible compite con las renovables. La generación de electricidad con carbón es menos competitiva que la generación con gas. Los rendimientos de las centrales —la cantidad de energía del carbón que es transformada en energía eléctrica— son inferiores a los del gas y sus emisiones de dióxido de carbono son más altas. En aquellos países, como los europeos, en los que existe una penalización económica por emitir dióxido de carbono, su competitividad es aún más reducida por este coste añadido. En Europa no se construyen nuevas centrales hidroeléctricas. Los mejores emplazamientos están ya ocupados y los crecientes requisitos medioambientales dificultan el desarrollo de los remanentes. En Estados Unidos, las estimaciones sobre el coste de producción de una central hidroeléctrica nueva apuntan hacia los 60 euros por megavatio hora.

Las centrales nucleares nuevas, construidas o en construcción en Estados Unidos o Europa presentan, todas, grandes retrasos sobre el calendario previsto y costes que duplican e incluso triplican los presupuestos iniciales. Son cuatro proyectos: Vogtle en Estados Unidos, Olkiluoto en Finlandia, Hinkley Point C en Reino Unido y Flamanville en Francia. Los costes esperados de producción se sitúan en el entorno de los 150 euros por megavatio hora. Cuestión diferente es la prórroga de la vida útil de centrales nucleares existentes, cuyo coste de generación puede situarse cerca de 50 euros por megavatio hora.

Hay también tecnologías renovables cuyo coste es muy superior a los 100 euros por megavatio hora, como la solar térmica o la eólica marina. Es posible también producir electricidad gracias a la energía de las mareas o de las olas o, nótese, gracias a la diferencia de temperatura del agua marina entre la superficie y unos 2.000 metros de profundidad. Es posible que las tecnologías evolucionen hasta hacer competitivas estas formas de producir electricidad, pero hoy en día es difícil avizorar un papel relevante para ellas. La eólica marina es quizás la energía más promisoria en términos de costes, pero difícilmente será competitiva con la solar fotovoltaica o la eólica terrestre.

El repaso a los costes estimados de generación de las diferentes tecnologías permite concluir que las más baratas son las que no emiten dióxido de carbono. Existe, por tanto, una oportunidad técnica y económica de descarbonizar una parte relevante del suministro de energía, aunque el proceso no es, ni puede ser, sencillo, porque las tecnologías renovables baratas son intermitentes y no pueden ofrecer ni la firmeza ni la flexibilidad que un sistema eléctrico requiere.

Los sistemas eléctricos descarbonizados. Almacenamiento y restricciones técnicas

Descarbonizar un sistema eléctrico no es fácil. Para empezar, son sistemas que se han ido construyendo a lo largo de más de cien años y en los que las tecnologías de producción se han ido superponiendo, ayudadas o perjudicadas por decisiones políticas, por la propia evolución de la economía y por la distribución de la población y de la industria más intensiva en consumo de electricidad.

La dinámica del mercado fomenta la instalación de las tecnologías más eficientes y el desplazamiento de las que lo son menos. En España, el gas desplazó al carbón y ahora las renovables están desplazando al gas. El cierre de una central de carbón se produce cuando sus costes y, por lo tanto, el precio que oferta en el mercado no le permiten funcionar el número de horas necesario para cubrir sus costes fijos. La inversión en centrales de gas se produjo porque las empresas tenían la certeza de que eran más competitivas que las de carbón. Según se fueron instalando, fueron ganando las subastas en el mercado eléctrico y las centrales de carbón fueron dejando de funcionar hasta su cierre. El proceso es ahora similar, sólo que ahora el gas es el desplazado y las renovables son las más eficientes.

El problema de las renovables, como apuntaba anteriormente, es su intermitencia. Son baratas, pero no pueden garantizar el suministro cuando se produce la demanda. Una primera solución es invertir en almacenamiento. La forma más eficiente de almacenar electricidad es el bombeo hidráulico. Las centrales hidroeléctricas cuentan con un reservorio superior, soportado normalmente por una presa, y una turbina. Cae el agua y la turbina genera electricidad. La idea es incorporar un reservorio inferior y hacer reversible la turbina. Cuando la electricidad es barata se consume para hacer subir el agua del reservorio inferior al superior. Cuando es cara se mueve el agua en sentido descendente y la electricidad producida se vierte a la red. El bombeo permite almacenar electricidad durante horas e incluso días.

Otro sistema de almacenamiento son las baterías. Acumulan electricidad barata y la vierten al sistema cuando está más cara. Con la tecnología actual, las baterías pueden almacenar de dos a cuatro horas. Se esperan desarrollos que amplíen este rango horario hasta las seis u ocho horas.

El problema pendiente es el almacenamiento estacional. La electricidad se consume más en invierno y verano y se produce más en primavera y otoño, gracias al viento y al agua. La energía solar contribuye a satisfacer la punta de consumo veraniega, pero, en invierno, las horas de sol son menos y la radiación solar más incierta. Hay quien sugiere utilizar electricidad para generar hidrógeno y almacenar el hidrógeno para producir electricidad cuando sea necesario, pero, sobre el papel, es un procedimiento caro y poco eficiente. Se producen pérdidas de energía al transformar la electricidad en hidrógeno, pérdidas que se vuelven a originar al convertir de nuevo el hidrógeno en electricidad. Si se suma el alto coste de producir hidrógeno a través de la electrolisis del agua, se puede concluir que la idea no parece económicamente viable.

El objetivo final de las inversiones en almacenamiento debería ser extender el suministro de la electricidad renovable, cuya producción se concentra en las horas diurnas y en las que sopla el viento, a las veinticuatro horas del día. Se trata de un objetivo que plantea dificultades temporales, técnicas y, sobre todo, económicas. El problema temporal viene dado por la necesidad de esperar a que se desarrollen las inversiones en renovables que permitan producir en las horas de sol, por ejemplo, un 200 % de la demanda esperada, para almacenar la mitad y atender el consumo en las horas nocturnas. El problema técnico es que hay que contar con una capacidad de almacenamiento, tanto desde el punto de vista tecnológico como de volumen, como para satisfacer el cien por cien de la demanda en un momento dado. El problema económico es, quizás, el más difícil. La rentabilidad de las inversiones decrece según se va saturando el mercado. No tiene mucho sentido invertir en las últimas plantas fotovoltaicas o en las últimas baterías necesarias para la optimización física del sistema. Puede haber, y de hecho las hay, soluciones que permitan acercarse a una situación que pudiera considerarse óptima tanto desde un punto de vista económico como de reducción de emisiones de dióxido de carbono.

Estas soluciones pasan por aprovechar, al menos de forma temporal, la capacidad instalada del sistema, sobre todo si esta capacidad complementa las características de la electricidad renovable y ofrece al sistema una generación firme, que no dependa de la climatología. Es el caso de la generación nuclear ya instalada, que cuenta con la ventaja añadida de que no genera emisiones y que tiene un coste de producción aceptable. Prorrogar la vida útil de estas centrales posibilita un margen de tiempo para materializar las inversiones en renovables y almacenamiento. Si no se tiene capacidad nuclear instalada, hay que recurrir a la generación con combustibles fósiles, lo cual ofrece firmeza y flexibilidad, aunque más cara y con emisiones de dióxido de carbono a la atmósfera. Aun en el caso de que se cuente con centrales nucleares, será necesario mantener una cierta capacidad de generación flexible, sólo proporcionable por el gas, única tecnología capaz de solventar con rapidez los desajustes entre oferta y demanda. En un futuro podrían usarse como combustible gases de origen no fósil o instalar captura de dióxido de carbono en este tipo de centrales.

En los sistemas eléctricos, la generación, el transporte y la demanda pueden no coincidir geográficamente. En un mercado competitivo, las centrales que ofrecen la energía más barata pueden estar muy alejadas de la demanda. Como la electricidad hay que transportarla por cable, pueden producirse problemas de congestión de las líneas. Es el operador técnico del sistema el que debe dar solución a estos problemas indicando qué centrales deben funcionar, con independencia del resultado de la subasta del mercado. Son las llamadas *restricciones técnicas*, cuya solución a largo plazo pasa por la construcción de nuevas líneas. A corto plazo, determinadas centrales ubicadas cerca de áreas de elevada demanda disfrutarán de precios más altos debido a que su funcionamiento es imprescindible para la correcta estabilidad del sistema.

Los sistemas eléctricos del futuro deberán estar basados en la combinación de generación renovable y almacenamiento, con el obligado añadido de generación firme y flexible. Con el tiempo, según vayan avanzando las inversiones y la tecnología, este añadido podrá minimizarse y la producción deberá también descarbonizarse. Como todo proceso de este tipo, requerirá tiempo, un volumen notable de inversiones y, lo que es más importante, un mercado no intervenido. El sistema eléctrico óptimo nunca se alcanzará a partir del diseño de un ente regulador o de un gobierno. Debe ser el mercado el que nos aproxime, dentro de lo razonable, al mejor diseño posible. Si hay mucha electricidad renovable sin almacenamiento, habrá muchas horas de precio cero que incrementarán el incentivo de invertir en almacenamiento. El mercado se ajusta mejor a través de sus propios mecanismos que a través de la intervención administrativa, siempre distorsionadora.

La realidad es que un sistema eléctrico con muy bajas o nulas emisiones de dióxido de carbono es el primer paso en el camino de la solución al calentamiento global. Es un primer paso factible gracias a desarrollos tecnológicos ya disponibles. A pesar de que, insisto, su consecución requerirá tiempo e inversiones, es una realidad que ya se vislumbra.

La electrificación. Líneas eléctricas

Las estadísticas habituales de consumo de energía se refieren a energía primaria: petróleo, carbón, gas, hidráulica, nuclear y renovables. Se trata de energía sin transformar. Buena parte de esta energía primaria se transforma en electricidad. En el caso de las energías hidráulica y nuclear, el cien por cien se transforma en electricidad. La energía final es la energía tal y como se consume: petróleo, carbón, gas, electricidad y renovables no destinadas a la producción de electricidad. La electricidad supone cerca de un 20 % del consumo de energía final en el mundo. En economías desarrolladas, con una mayor orientación hacia el sector servicios, este porcentaje puede llegar hasta el 25 %.

Si contamos como punto de partida con la posibilidad de disponer de un sistema eléctrico descarbonizado, el paso siguiente debe ser tratar de electrificar nuestras economías. Si fuéramos capaces de que la energía que se consumiera en el transporte, en la industria o en cualquier edificio —destinado a uso residencial, comercial o administrativo— fuera electricidad, y que ésta se generara sin emisiones, tendríamos la solución a nuestro problema. No es tan fácil. Hay muchos consumos energéticos difícilmente electrificables. En los escenarios más optimistas, la electricidad llega a suponer un 50-55 % del consumo de energía final. En la industria, procesos que requieren altas temperaturas son difícilmente susceptibles de electrificación. Lo mismo ocurre en determinadas modalidades de transporte, como el aéreo o el marítimo. Es más fácil la electrificación total de los usos energéticos de un edificio, pero no es posible olvidar que en el mundo todavía hay cerca de 800 millones de personas sin acceso a la electricidad y más de 2.000 millones que cocinan con leña o excremento seco del ganado. En estos casos, la mejor alternativa disponible es, en muchas ocasiones, la bombona de butano. Hablar en estos casos de electrificar es una quimera.

Electrificar requiere invertir. No es posible pensar que duplicar la participación de la electricidad en el consumo final de energía pueda hacerse sin un incremento notable de la infraestructura imprescindible para llevar la electricidad a los consumidores, ya sea porque éstos aumenten la potencia contratada o porque nuevos consumos se incorporen a la red. No se trata sólo de la demanda. La electricidad, debido a la generación renovable, ha de producirse en centenares de instalaciones diferentes repartidas por todo el territorio de un país, y no concentrada en unas decenas de grandes centrales ubicadas cerca de los grandes centros de consumo. Los sistemas eléctricos descarbonizados sólo pueden desarrollarse si se multiplican las inversiones en redes de transporte y distribución.

Las líneas eléctricas son monopolios naturales cuyas tarifas son fijadas por los distintos gobiernos. Como en toda actividad regulada, siempre hay tensiones entre administración y administrados. Las empresas invierten y quieren una retribución adecuada para sus inversiones. Para la administración, se plantean tres problemas básicos: cuánto invierten las empresas, si las inversiones se hacen a un coste adecuado y a qué tipo de interés se retribuyen las inversiones. Estas lícitas preocupaciones dan pie a distintos esquemas de intervención administrativa, que pueden ir desde una planificación previa de las inversiones a realizar hasta la fijación de costes estandarizados para cada inversión efectuada por los distintos operadores, pasando por la ejecución de auditorías sobre necesidad y costes de los desarrollos de red acometidos por las diferentes empresas. Todos estos sistemas de intervención, si se desarrollan con sentido común —lo que no está siempre garantizado—, pueden ser válidos. No obstante, si lo que se necesita es una expansión de las redes eléctricas, es preferible huir de una planificación centralizada realizada por la administración y abordar sistemas orientados a respetar la iniciativa empresarial. Es importante que cualquier inversión tendente a incrementar el grado de electrificación tenga la certeza de que la conexión a la red o el incremento de potencia estarán disponibles en una fecha cierta y cercana. Ello nos lleva a otra cuestión relevante: los permisos y autorizaciones necesarias para construir nuevas líneas de alta tensión, que pueden demorar la ejecución de este tipo de obras durante años. La confluencia de administraciones locales, regionales y estatal y la multiplicidad de propietarios de terrenos a lo largo del tendido hacen de estas infraestructuras unas perfectas candidatas a acumular retrasos en la obtención de permisos. La electrificación de una economía requiere dar también solución a este problema.

El hidrógeno

Si la electricidad renovable y el subsiguiente proceso de electrificación son la primera parte de la solución, cualquier ecologista mínimamente instruido apuntaría al hidrógeno como el imprescindible pilar de la segunda parte. A presión y temperatura normales, el hidrógeno es un gas incoloro, inodoro, insípido y altamente combustible. Es uno de los elementos químicos más abundantes en la naturaleza, pero siempre en combinación con otros elementos, como el carbono, para formar hidrocarburos, o el oxígeno, para formar el agua.

En la actualidad, el hidrógeno se utiliza en las refinerías de petróleo para la mejora de calidad de los productos y, en especial, para reducir los contenidos de azufre de los diferentes productos petrolíferos. El hidrógeno es también materia prima básica para la fabricación de amoníaco y, a partir del amoníaco, de toda la cadena de fertilizantes. También se emplea para la fabricación de metanol, utilizado en la producción de disolventes, resinas, plásticos y fibras sintéticas.

Para la fabricación del hidrógeno se utiliza gas natural, cuya fórmula química es CH_4. A través de un proceso llamado *reformado*, se separa el carbono del hidrógeno. El hidrógeno se utiliza industrialmente y el carbono se emite a la atmósfera en forma de dióxido de carbono. Esta forma de producir hidrógeno es, por tanto, contaminante. Su denominación es *hidrógeno gris*. Ante ello, existe la posibilidad de captar el dióxido de carbono producido y evitar su emisión a la atmósfera. De esta manera, las emisiones se reducen en un 90-95 %. El hidrógeno así producido se denomina *hidrógeno azul*. Pero el cambio radical se produce con la sustitución de la materia prima: utilizar agua en lugar de gas natural. A través de un proceso de electrolisis se separan el hidrógeno y el oxígeno que componen el agua. La electrolisis consume electricidad que, obviamente, debe ser renovable para garantizar un proceso sin emisiones. Estaríamos hablando de *hidrógeno verde*.

La solución preconizada es que el hidrógeno verde sustituya al gas natural en todos aquellos procesos industriales que requieren elevadas temperaturas. Esta hipotética solución plantea la inmensa dificultad de su coste. El precio del hidrógeno verde quintuplica el del gas natural. En términos de euros por megavatio hora, si el gas natural cuesta 30 euros, el precio del hidrógeno verde se sitúa en los 160. El monto del hidrógeno verde depende de tres parámetros: el coste y rendimiento del electrolizador, sus horas de funcionamiento y, finalmente, el precio de la electricidad. El coste del electrolizador debería reducirse con el tiempo, según se generalice su demanda, y, por tanto, su producción, y se generen las correspondientes economías de escala. Algunas fuentes hablan de la necesidad de una disminución de costes del 80 % para poder disponer de un hidrógeno competitivo. Esta reducción es similar a la experimentada por los paneles solares, con el matiz de que los paneles han necesitado veinte años para recorrer su curva de aprendizaje. Veinte años nos ubican cerca de 2040 para poder contar con electrolizadores competitivos. Cuestión tanto o más relevante es el precio de la electricidad. Un hidrógeno verde capaz de competir no ya con el gas natural, sino con un hidrógeno producido a partir de gas natural con captura de dióxido de carbono, necesita unos precios de la electricidad cercanos a los 15-20 euros por kilovatio hora, notablemente inferior a los 30-35 euros en los que hoy se sitúa el umbral mínimo de rentabilidad de la producción renovable. Un tercer factor son las horas de funcionamiento de los electrolizadores. Cuantas más horas funcionen, menor será el coste unitario de producción. El umbral mínimo de competitividad se sitúa en unas 4.000 horas al año. En España, las horas de funcionamiento medio de las plantas fotovoltaicas en 2023 fue de unas 1.730 horas.[26]

26. Unas 1.730 horas es el resultado de dividir la producción eléctrica de las instalaciones fotovoltaicas entre el número de horas que tiene un año. La realidad es que la producción varía cada día en función de la irradiación solar.

Conseguir garantizar 4.000 horas de electricidad renovable al año requiere la combinación de plantas fotovoltaicas, eólicas y baterías, lo que supone, necesariamente, un coste de la electricidad más alto, que deja aún más en el aire la competitividad del hidrógeno. En regiones o países con escasez relativa de agua, no puede olvidarse que la producción de una tonelada de hidrógeno requiere unos 17-18 metros cúbicos de agua, cuyo precio futuro será una variable a tener en cuenta.[27]

El alcance del uso directo del hidrógeno como sustituto del gas natural en la industria es difícil de determinar. Además del coste del hidrógeno, dependerá de las temperaturas que se puedan alcanzar en diferentes procesos industriales utilizando la electricidad como fuente de calor. Lo que pueda hacerse con electricidad no se hará con hidrógeno, pues no tiene sentido utilizar electricidad para producir hidrógeno si se puede usar directamente. Existe también la posibilidad del uso directo del hidrógeno en el transporte. En este caso, además del coste, existe una dificultad técnica adicional. La densidad energética por volumen del hidrógeno es baja: un litro de gasolina contiene unas nueve veces más energía que un litro de hidrógeno comprimido. Por el contrario, un kilogramo de hidrógeno comprimido contiene dos veces y media más energía que un kilogramo de gasolina. En términos prácticos, el significado de es-

---

Una planta puede producir a lo largo de un día el 10, el 30, el 60 o el 80 % de su capacidad. Alimentar una planta industrial con semejante variabilidad es una dificultad añadida a la posible producción de hidrógeno.

27. Sobre la evolución esperada del coste de los electrolizadores puede consultarse «Green Hydrogen Cost Reduction: Scaling up electrolisers to meet the 1.5 °C Climate Goal», IRENA, diciembre de 2020. Una buena aproximación a los costes del hidrógeno en función de los costes de la electricidad se encuentra en «Annual Report on the results of Monitoring the internal Electricity and Natural Gas Markets in 2021. Decarbonized gases and Hydrogen Volume», ACER, octubre de 2022. Una visión actualizada del mercado del hidrógeno puede verse en «Global Hydrogen Review 2023», IEA, septiembre de 2023.

tas diferencias es que, para vehículos de transporte, el depósito de hidrógeno debe ser mucho más grande o mucho más pesado que el depósito de gasolina: la solución para evitar el mayor volumen es reforzar las paredes del depósito para poder inyectar el hidrógeno a alta presión, con el consiguiente incremento del peso del depósito. Los depósitos grandes o pesados dificultan, por ejemplo, el uso del hidrógeno como combustible en la aviación. En vehículos de transporte, como camiones, autobuses o trenes en vías no electrificadas, el hidrógeno puede utilizarse a través de las llamadas *pilas de combustible*. El hidrógeno se suministra al depósito del vehículo y, junto con el oxígeno del aire, genera una reacción inversa a la electrolisis, en la que se produce electricidad —la que mueve el vehículo— y vapor de agua. La ventaja de esta solución es la autonomía de los vehículos, notablemente superior a la que hoy proporcionan las baterías. Los inconvenientes, el coste del hidrógeno y los costes de su distribución.

El transporte de hidrógeno tampoco es fácil. Puede transportarse en camión, bien comprimido o en estado líquido. También puede hacerse por tuberías, pero éstas son caras debido a que el hidrógeno es tremendamente ligero, lo que supone la necesidad de reforzarlas para evitar fugas y de invertir en incrementar la capacidad de compresión del sistema. En definitiva, el transporte implica más costes que dificultan la competitividad del hidrógeno.

Donde este gas no tiene competencia, sea cual sea su precio, es en la fabricación de *combustibles sintéticos*. Todos los hidrocarburos son combinaciones de carbono e hidrógeno y todos, costes aparte, pueden formularse utilizando fuentes independientes de carbono e hidrógeno. El carbono puede ser de origen vegetal, proceder de otro tipo de materia orgánica o capturarse directamente del aire. El hidrógeno puede obtenerse a través de cualquiera de los procedimientos anteriormente descritos. La combinación de ambos permite obtener metano, gasolina, gasóleo, combustible de aviación y cualquier otro hidrocarburo. Las moléculas son las mismas. No hay diferencia entre una gasolina de un origen o de otro. Por eso, en ocasiones se utiliza la expresión *desfosilizar*: es el mismo combustible, pero su origen no es fósil.

Los biocombustibles clásicos

Además de la electricidad y el hidrógeno, otra manera de obtener energía es a través del uso de combustibles cuyo carbono no es de origen fósil, sino biológico. No constituyen una novedad tecnológica reciente. El desarrollo de los biocombustibles se inició en la segunda mitad de la década de los setenta del siglo pasado. Su desarrollo no tuvo nada que ver con cuestiones medioambientales. Vino motivado por la primera crisis del petróleo, en la que los países árabes productores embargaron sus ventas a Estados Unidos y a los Países Bajos por su apoyo a Israel en la guerra del Yom Kipur, que comenzó en octubre de 1973. Una de las soluciones puestas en marcha por la administración norteamericana fue utilizar excedentes agrícolas, en especial de maíz, para fabricar etanol a través de la fermentación del contenido de azúcar de este cultivo. El etanol empezó a utilizarse como componente en la fabricación de gasolinas. Hoy en día, además de maíz, se emplean otros tipos de cereales y la caña de azúcar para la fabricación de etanol. El proceso químico seguido es la fermentación de los azúcares. Un segundo desarrollo de este tipo fue el biodiésel. Se produce a partir de aceites vegetales o, incluso, de grasas animales mezcladas con metanol. La colza, la soja o el girasol son materias primas habituales para estos productos.

La idea básica es sustituir el carbono del petróleo por carbono de origen vegetal, fijado por las plantas a través de la fotosíntesis. Con el tiempo, cuando las preocupaciones medioambientales crecieron, lo que empezó siendo una forma de reducir el consumo de petróleo se convirtió en una posibilidad de reducir emisiones de dióxido de carbono, dado el carácter *renovable* de la producción agrícola: lo emitido en la combustión de estos productos es captado de nuevo a través del crecimiento de la nueva cosecha. En muchas normativas de economías desarrolladas se introdujo la obligatoriedad de que la gasolina y el gasóleo incluyeran un contenido mínimo de biocombustibles. Dado que el coste de los biocombustibles era superior al de los productos procedentes del petróleo, en países con elevados impuestos específicos al consumo de gasolina y gasóleo se establecieron las correspondientes exenciones fiscales a los hidrocarburos de origen vegetal. En Europa, el 10 % de la gasolina y del gasóleo que consumimos son biocombustibles. Si consideramos el consumo mundial, este porcentaje se reduce al 2 %.

El grave problema de estos biocombustibles clásicos es que las materias primas empleadas en su fabricación se utilizan también en la alimentación humana y animal. Una mayor demanda para fabricar biocombustibles provoca subidas de precios que inciden en la renta disponible de las familias, en especial de las menos pudientes, que necesitan dedicar una parte importante de su presupuesto a la alimentación. El mismo razonamiento es válido si se incrementan los costes para alimentar al ganado. La conclusión es que la vía de los biocombustibles clásicos tiene un recorrido limitado en los procesos de sustitución de los derivados del petróleo. En términos globales es un camino complicado. Los países ricos reducen sus emisiones netas a costa de encarecer la alimentación de la población de las economías menos desarrolladas.

Dentro de esta vía clásica, un problema que implica el biodiésel es su utilización en climas fríos porque tiende a transformarse en un gel, lo que imposibilita el funcionamiento de los motores. La solución a este problema fue la *hidrogenación* del aceite vegetal. Además, mezclado con hidrógeno, el porcentaje de biodiésel podía incrementarse a voluntad o incluso podía utilizarse como sustituto al cien por cien del gasóleo clásico. Los problemas remanentes eran el coste y su incidencia en la alimentación humana. Estos dos problemas encontraron una potencial solución en el aceite de palma, que no se emplea ni en la alimentación humana ni en la animal. La industria empezó a generalizar su uso. Incluso se acuñó una nueva denominación: *aceite vegetal hidrogenado* (HVO, por sus siglas en inglés).

Esta vía de desarrollo de los biocombustibles también está siendo cegada. El cultivo de la palma se realiza en climas cálidos y húmedos y el aumento de estos cultivos para atender la demanda creciente requiere desforestar áreas de selva tropical. La idea en Europa es prohibir en un futuro próximo la utilización del aceite de palma. Si nos preguntáramos qué es mejor en términos de emisiones, si usar HVO pese a la desforestación o consumir un gasóleo clásico, la respuesta no consistiría en un balance de emisiones entre uno y otro caso. La respuesta sería que la pregunta no es pertinente: la desforestación es anatema; hay que conseguir emisiones cero. Es cierto que la desforestación es perjudicial y debe evitarse, pero puede compensarse reforestando otras áreas. Siempre hay, ante todo tipo de problemas, soluciones intermedias y temporales que mejoran la realidad, aunque no supongan una solución definitiva. No son desechables por principio, aunque el rigor ecologista así lo exija.

Los biocombustibles avanzados

Como siempre en la vida, la regulación administrativa no es capaz de aprehender la realidad. El aceite de palma como materia prima está siendo sustituido por el *aceite usado de cocina* (UCO, por sus siglas en inglés). Los mayores exportadores del mundo son Indonesia, Malasia y China, países en los que es difícil imaginar una elaborada red de recogida de aceites usados en negocios de hostelería y domicilios que les permita desarrollar un negocio de exportación. Residuos vegetales oleaginosos y aceites mínimamente tratados son lo que conforman los UCO. Es necesario que todo cambie para que casi todo siga igual. Los biocombustibles fabricados con aceite de palma se prohíben, pero los fabricados con UCO se consideran biocombustibles avanzados. Si se generaliza su uso, el ecologismo militante volverá a la carga. No obstante, este proceso, la hidrogenación de residuos oleaginosos vegetales o, incluso, animales es una primera vía de fabricación de biocombustibles avanzados.

La materia prima utilizada en su fabricación es la que marca la diferencia entre biocombustibles clásicos y avanzados. Los biocombustibles avanzados de origen vegetal tienen que cumplir dos condiciones: no tener incidencia alguna en la alimentación humana o animal y su producción no puede generar una desforestación adicional. Se incluyen los residuos agrícolas, madera procedente de podas y también árboles de crecimiento rápido. Las algas también entrarían en esta categoría. Entre los biocombustibles de origen no vegetal pueden citarse los fabricados con grasas de origen animal, excrementos de ganado, residuos sólidos urbanos, aceites usados o lodos procedentes de la depuración de aguas.

Un procedimiento de producción es la *digestión anaerobia*. En un medio acuoso y hermético, toda materia orgánica, a través de la acción de bacterias, es susceptible de transformarse en *biogás*. El biogás es una mezcla de metano y dióxido de carbono. Puede usarse directamente para generar electricidad y calor. Otra posibilidad es obtener el metano del biogás separándolo del dióxido de carbono. Es lo que se denomina *biometano*. Es la misma molécula del gas natural, por lo que puede usarse en su sustitución. De hecho, suele inyectarse en las redes de distribución de gas natural. En el proceso de separación del biometano y del dióxido de carbono, este último puede liberarse directamente a la atmósfera. Existe la opción de mezclarlo con hidrógeno y producir cantidades adicionales de biometano. En el proceso de digestión anaerobia se produce un residuo, el *digestato*, que puede utilizarse como fertilizante.

Un proceso alternativo es la *gasificación* de la materia orgánica. Es un proceso que requiere calor y oxígeno. Se obtiene un llamado *gas de síntesis*, que es una mezcla de monóxido de carbono e hidrógeno. Añadiendo calor y presión, y en presencia de un catalizador que atrapa el oxígeno, este gas se convierte en un hidrocarburo. Antes de esta reacción es posible modificar la ratio entre el monóxido de carbono y el hidrógeno, de forma que se pueden producir distintos tipos de hidrocarburos. Esta reacción, conocida como el proceso Fisher-Tropsch, no es un descubrimiento reciente. Fue usada por Alemania en la Segunda Guerra Mundial o en la Sudáfrica del *apartheid*, aunque, en estos casos, la materia prima inicial que se gasificaba era carbón y no biomasa. Además de gasolina, gasóleo o nafta, este mismo procedimiento permite la obtención de metanol, que tiene la versatilidad suficiente como para ser usado directamente como combustible, además de servir como materia prima en la fabricación de gasolinas y plásticos a través de procesos técnicos ya conocidos. Estos procesos se engloban bajo la denominación *alcohol to fuels*. También el etanol, biocombustible clásico que se consigue por medio de la fermentación de azúcares vegetales, sirve de punto de arranque para la producción de combustibles. Por último, el metanol también puede obtenerse mediante la combinación de dióxido de carbono e hidrógeno.

La quema de todos estos combustibles genera emisiones. El hecho de que el carbono proceda de una materia orgánica no evita su liberación a la atmósfera en forma de dióxido de carbono. La normativa europea establece, para cada biocombustible, el ahorro en emisiones que resulta, considerando todo el proceso de producción de la biomasa: su transporte, su transformación, su combustión y hasta la eventual captura de las emisiones producidas.

Todos estos biocombustibles son mucho más caros que los combustibles fósiles tradicionales. Considerando los precios actuales, el coste del biometano supone más del doble del precio del gas natural y el de los biocombustibles líquidos avanzados puede llegar a triplicar el precio de la gasolina y el gasóleo tradicionales.

Los combustibles renovables de origen no biológico. Los e-combustibles

Los combustibles renovables de origen no biológico se producen a partir de dióxido de carbono capturado del aire, agua y electricidad renovable. El agua y la electricidad renovable sirven para producir hidrógeno verde que, combinado con el dióxido de carbono, permite producir los hidrocarburos que se deseen. Desde el punto de vista de emisiones, si el dióxido de carbono capturado procede de una fuente fósil, es decir, si se ha producido quemando petróleo o gas, estaremos hablando de emisiones netas cero. Se han evitado unas emisiones que terminan, finalmente, en la atmósfera a través del uso de los combustibles fabricados con el carbono capturado. Si el dióxido de carbono capturado procede de biomasa vegetal, podemos llegar a hablar de emisiones negativas. El dióxido de carbono es absorbido por la planta en su proceso de crecimiento. La biomasa producida se utiliza, por ejemplo, para producir electricidad. Esa producción no genera emisiones porque el dióxido de carbono se captura y se utiliza para fabricar un *e-combustible*, cuyo uso genera finalmente emisiones. El dióxido de carbono se captura dos veces y se emite una.

Estos combustibles, también conocidos como *e-fuels* o como RFNBO (*renewable fuels of non biological origin*) son aún más caros de producir que los llamados biocombustibles avanzados. Su precio puede sextuplicar el de los hidrocarburos convencionales.

Es importante clarificar que, a pesar de que se denominen combustibles de origen no biológico, el dióxido de carbono sí puede ser de origen biológico. Por seguir con el ejemplo, puede capturarse el producido en una *planta de biomasa* dedicada a la generación de energía eléctrica y ser, por tanto, de origen biológico, aunque obtenido del aire. Lo que la normativa no permite es que la electricidad producida por la planta de biomasa, pese a que pueda ser considerada electricidad renovable, se utilice en la producción de hidrógeno. De nuevo, surge el fervor ecologista. Una vez más, lo importante no es avanzar en la dirección correcta, lo importante es mantener los niveles más altos de exigencia en el camino hacia un mundo *verde*, sin que los costes sean relevantes.

Los costes son el gran problema que presentan las alternativas disponibles para descarbonizar la economía en aquellos sectores en los que no es posible la electrificación. Lo que puede ser una alternativa técnica no constituye una alternativa económica, salvo que su adopción sea global y la competitividad de nuestra industria no se vea afectada. No parece que ésta sea una hipótesis plausible. Hay una tecnología clave, la electrolisis del agua para producir hidrógeno. Se necesita una reducción acelerada del coste de los electrolizadores, que, acompañada de unos costes reducidos de la electricidad, permita disponer de hidrógeno de bajas emisiones a un precio razonable. Es un proceso que, en el caso de resultar finalmente exitoso, requerirá más tiempo del que nos gustaría.

Conviene reiterar que los biocombustibles, sea cual sea la tecnología empleada en su fabricación o la materia prima de la que procedan, producen emisiones al quemarse. Su contenido en carbono reacciona con el oxígeno del aire y forma dióxido de carbono. Son emisiones inferiores a las de los combustibles fósiles, pero no dejan de ser emisiones. Sólo contribuyen parcialmente a la solución del problema. Los biocombustibles líquidos son más caros que los tradicionales. A pesar de la tecnología que intervenga, la materia prima contiene menos carbono y, por tanto, tiene una densidad energética menor que el petróleo. Los procesos a los que se somete la materia prima son similares a los de una refinería clásica. Para llegar a fabricar una gasolina con una determinada densidad energética, se necesita mucha más materia prima biológica que petróleo. De ahí que, se mire por donde se mire, el coste de los productos biológicos es mayor. Si además se pretende dar al tema una vuelta de tuerca adicional y que el carbono proceda del aire, el monto será aún más alto, porque la concentración inicial de carbono es más baja. La ventaja en este último caso viene dada, como ya se ha señalado, porque el dióxido de carbono se captura dos veces y se emite una.

No obstante, la competitividad de los biocombustibles puede ser una realidad cercana en el ámbito de los gases renovables; concretamente, en el caso del biometano. La clave está en el coste del residuo. Para industriales o ganaderos, el tratamiento o eliminación de los residuos orgánicos de su explotación no es gratuito. Transformar su coste en una fuente de ingreso permite asignar un precio reducido a la materia prima a tratar. Frente a un precio del gas natural de 30 euros por megavatio hora, es posible producir biometano por 80 euros. Hoy es más del doble, pero, en el marco de la crisis de Ucrania, hace dos años, el precio del gas natural era superior.

La generación de residuos suficientes es la cuestión remanente. El cuidado de los bosques, la poda de cultivos leñosos, el tratamiento de todo tipo de residuos, desde los urbanos a los agrícolas, constituyen una fuente abundante de materia prima, pero es necesario saber hasta dónde se puede llegar, determinar qué porcentaje de nuestras necesidades energéticas no electrificables pueden ser atendidas por la materia orgánica disponible en nuestro suelo. Siempre es posible importar, pero la seguridad del suministro siempre es cuestión relevante en política energética. Tampoco conviene olvidar que la masa forestal de la que disponemos hoy es superior a la que teníamos en 1900. Es una de las ventajas colaterales del desarrollo de la industria del petróleo. Volver a la leña, aunque sea procesada, para reducir el consumo de combustibles fósiles, no puede traducirse en una reducción de la masa arbórea. Necesitamos más y más árboles que sigan absorbiendo dióxido de carbono de la atmósfera.[28]

La descarbonización del transporte

La electricidad, el hidrógeno y los biocombustibles son las alternativas disponibles para sustituir los combustibles clásicos en el transporte. Éste, en todas sus modalidades, supone en torno al 30 % del consumo total de energía final en el mundo. Los productos petrolíferos aportan el 90 % de este consumo, los biocombustibles un 4 %, el gas natural un 5 % y la electricidad un 1 %.

El transporte ligero en ciudad y carretera es, de entre las distintas modalidades de transporte, la que tiene una alternativa teórica más claramente predominante: la electrificación; aunque los coches eléctricos implican, de momento, tres problemas para su desarrollo: su precio, su autonomía y la disponibilidad de una red pública de puntos de recarga.

El precio medio de un coche eléctrico es un 50 % superior al de un coche equipado con un motor de combustión interna. En principio, se consideran coches eléctricos tanto a los puramente eléctricos como a los *híbridos enchufables*, equipados con dos

28. Pueden encontrarse previsiones sobre el consumo futuro de biocombustibles en «Bioenergy: Net Zero Emissions Guide», IEA, septiembre de 2023, <https://www.iea.org/reports/bioenergy-2>.

motores, uno eléctrico y otro de combustión interna. Abaratar el coste de un híbrido enchufable es complicado debido a la doble motorización que, además, requiere más espacio. La otra variable fundamental, igual que para los puramente eléctricos, es el coste de la batería, que, en todo caso, viene descendiendo a lo largo de los últimos años. Desde 2015 lo ha hecho en un 70 %, pero en los últimos 4 años apenas ha bajado un 10 %. De hecho, en 2022 subió un 7 %, de la mano del precio del litio, metal fundamental en su fabricación. De momento, los precios más bajos se consiguen con baterías de menor tamaño y tecnologías de fabricación más baratas, lo que se traduce en una menor autonomía del vehículo. La autonomía real de un coche eléctrico cargado, con el aire acondicionado funcionando, es claramente inferior a la que se publicita. Los tiempos de carga son relativamente prolongados y tampoco existe una red de puntos de recarga que garantice un abastecimiento fácil, de modo que al tiempo de recarga se le suma el que haya que invertir para llegar a estos puntos de suministro.

En países en los que la población se concentra en grandes ciudades de edificios verticales, muchos de ellos sin garaje, es imprescindible el desarrollo de una red pública de cargadores de alta capacidad si se quiere impulsar el desarrollo del coche eléctrico. La necesidad de esta infraestructura retrotrae el análisis a los problemas de la electrificación y, en especial, al tendido de nuevas líneas eléctricas que, si son urbanas, deberán ser subterráneas.

Las emisiones de un coche eléctrico a lo largo de todo su ciclo de vida —fabricación, consumo y desguace— son, sin duda, inferiores a las de un coche de combustión interna. Aquí apuntamos dos matices: en países como China, donde más del 60 % de la electricidad se produce con carbón, la afirmación anterior requiere, cuando menos, un análisis pormenorizado. En Europa, y más aún en España, que posee una generación eléctrica mucho menos intensiva en carbono, no hay duda al respecto. El segundo matiz tiene que ver con los coches híbridos enchufables y el balance entre los kilómetros recorridos con electricidad y los recorridos con gasolina.

La aparición del coche eléctrico en el mercado y su elevado precio relativo está teniendo como efecto colateral el envejecimiento del parque de vehículos. Los propietarios de vehículos de más de diez o doce años de antigüedad no se deciden a la compra de uno nuevo porque no se pueden permitir el precio de un coche eléctrico, además de los problemas ya mencionados que plantea la recarga eléctrica. A su vez, comprar un coche de combustión interna cuando se habla de subidas de impuestos a la gasolina y al gasóleo o de dificultades en el acceso al centro de las ciudades requiere pensárselo dos veces. Al final, la decisión salomónica es esperar, con el consiguiente envejecimiento del parque de automóviles, o comprar uno de segunda mano hasta que el panorama se clarifique o hasta que los vehículos eléctricos bajen de precio. El efecto en la vida media de los coches que circulan por nuestras calles es el mismo. Más años y más emisiones. Esta digresión viene a cuento por uno de los riesgos que tiene la transición energética. Es un inmenso ejercicio de inversión que puede abrir una brecha social entre quienes pueden permitirse cambiar de coche, de electrodomésticos o de sistema de calefacción y quienes no. Con el agravante de que los que pueden adquirir un nuevo vehículo, porque disponen de rentas más altas, reciben ayudas públicas y acceden sin restricciones al centro de sus ciudades, y quienes no se lo pueden permitir sufren la subida de los impuestos de los combustibles y se les impide circular en su coche por su ciudad.

Los coches eléctricos suponen la transformación profunda de la industria del automóvil. China, con su capitalismo de Estado, nos lleva una ventaja considerable en toda la nueva cadena de valor. Controla el acceso a los minerales necesarios para fabricar baterías y, sobre todo, controla su capacidad de refino. Ha desarrollado, desde hace años, la fabricación de baterías y, gracias a las ayudas públicas, de los más de 40 millones de vehículos eléctricos que circulan en el mundo, más de la mitad son chinos. La integración de la cadena de valor en su territorio más la experiencia y generación de economías de escala han convertido a los fabricantes chinos de vehículos eléctricos en unos competidores globales imbatibles. España es el segundo productor europeo de automóviles y el noveno del mundo. La transformación de nuestra industria no puede hacerse al único dictado de criterios ecológicos, para acabar sacrificando nuestra industria del motor y la industria auxiliar que la acompaña en el altar de lo verde. Europa estaba dispuesta a prohibir la venta de coches de combustión interna a partir de 2035. En el último momento, Alemania consiguió dejar sin efecto la prohibición, siempre que los coches con motor de combustión consumieran combustibles de emisiones netas cero. Es una opción: coches baratos con combustible caro o coches caros con combustible barato. Neutralidad tecnológica y que sean los avances técnicos los que determinen la opción predominante. Y, sobre todo, tiempo para construir nuestra cadena de valor del coche eléctrico. Estados Unidos ya ha empezado. Las ayudas públicas a la compra de un coche eléctrico están sujetas a que tanto el coche como la batería —aunque para éstas se establece un período transitorio— estén fabricadas en Estados Unidos con componentes también fabricados en el país. Es lo que viene. Nadie está dispuesto a que la transición energética se convierta en una pérdida relativa del peso de su economía y de su capacidad industrial.

Conviene no perder tampoco la perspectiva de los números. En el mundo circulan unos 1.300 millones de automóviles. Unos 40 millones son eléctricos o híbridos enchufables, es decir, apenas un 3 %. En 2023 se vendieron casi 14 millones de vehículos eléctricos: el 60 % en China, el 25 % en Europa, el 10 % en Estados Unidos y el 5 % en el resto del mundo. Es curioso que potencias automovilísticas como Japón y Corea del Sur apenas participen de este crecimiento de las ventas. Motivo adicional de reflexión y de apuesta por la neutralidad tecnológica.[29]

El camino que queda por recorrer es largo y difícil. Incluso en el esquema más inmediato y lineal de la transición energética —electricidad renovable y vehículos eléctricos—, la sustitución de un sistema basado en combustibles fósiles desarrollado a lo

29. Datos sobre la evolución del vehículo eléctrico pueden encontrarse en «Global EV Outlook 2023», IEA, abril de 2023, <https://www.iea.org/reports/global-ev-outlook-2023>.

largo de más de cien años no es fácil. Es, en definitiva, un camino que llevará tiempo y esfuerzo, a lo largo de cuyo recorrido habrá sorpresas de todo tipo. Una de las más recientes es el retroceso de los coches de hidrógeno, equipados con pila de combustible, en California. La razón ha sido el coste del hidrógeno, ya que, para evitar la contaminación, debe ser producido a partir de la electrolisis del agua con electricidad renovable. Coche caro con combustible caro. Era una opción que gustaba a la industria japonesa.

Una y otra vez volvemos a la misma cuestión: coste de la pila de combustible y del hidrógeno frente al coste de la batería y de la electricidad y frente al coste del motor de combustión y de los combustibles neto cero. De fondo tiene lugar la lucha por el liderazgo industrial o, al menos, por mantener la posición ganada a lo largo de los años. Y en el horizonte, la incógnita sobre los desarrollos tecnológicos futuros. Las apuestas hoy se decantan por un futuro eléctrico.

Transporte especializado

Las flotas urbanas de autobuses, taxis y todo tipo de vehículos de reparto, por la cantidad de kilómetros diarios que realizan, tienen una incidencia notable en el aire que respiramos en nuestras ciudades. Los motores de combustión poseen una cierta desventaja por la emisión, no sólo de dióxido de carbono, sino también de óxidos nitrosos y de partículas, contaminantes perjudiciales para el aparato respiratorio que se concentran en los cielos urbanos.

Para el transporte pesado por carretera, el análisis, con algunos matices, es muy similar al de los coches. Un camión eléctrico cuenta *a priori* con el problema del peso de las baterías, que limita el peso de las mercancías a transportar. La autonomía y los tiempos de recarga son otro de los inconvenientes que los detractores del camión eléctrico ponen encima de la mesa. Los partidarios aducen que, dado que los conductores están obligados a mantener descansos forzosos por motivos de seguridad, esas paradas pueden utilizarse para recargar las baterías. El hidrógeno, a pesar del inconveniente de su coste, cuenta con la ventaja de su gran autonomía. El otro obstáculo es el desarrollo de la red de distribución. Transportar hidrógeno es caro. Construir una red con la capilaridad suficiente para que todo el transporte pesado por carretera pueda consumir hidrógeno se antoja gravoso y de difícil consecución. Es posible que el hidrógeno se imponga en recorridos regulares, de punto a punto, donde basta con dos instalaciones de recarga, en origen y destino, para garantizar un abastecimiento suficiente. Las flotas de autobuses urbanos e interurbanos son buenas candidatas. Siempre queda otra opción: no hay que cambiar los camiones ni reforzar ni ampliar la red de distribución. Basta con cambiar de combustible y usar biocombustibles avanzados o e-combustibles. A pesar de su elevado precio, evitan toda la inversión en nuevos vehículos y en redes eléctricas o redes de distribución de hidrógeno. Los costes de distribución siempre terminan por repercutir en el producto vendido, por lo que, si el precio de la energía que se consume tiende a igualarse, gana la partida el que ahorra más en el vehículo, el que permite usar un camión con un motor clásico. De nuevo habrá que esperar y ver. En este caso, las apuestas son menos terminantes. No está claro que el vehículo eléctrico se termine imponiendo. Lo más probable es que tenga que compartir su dominio.

Transporte por ferrocarril

La solución para este medio de transporte es la electrificación de las vías férreas. Los trenes de alta velocidad se mueven con electricidad. Donde no sea posible la electrificación, el hidrógeno parece la alternativa más probable. Una cuestión relevante al hablar del ferrocarril es su capacidad de sustituir otras modalidades de transporte. La respuesta difiere en función de la modalidad de transporte y del tamaño del país. Para un país como España, el transporte de pasajeros en trenes de alta velocidad compite ventajosamente con el transporte aéreo e, incluso, con el transporte privado por carretera. Compite en tiempo y, tras la apertura a la competencia del mercado de la alta velocidad, compite también en coste. Para el transporte de mercancías es más complicado. Transportar por ferrocarril supone un primer viaje desde la fábrica a la estación, el propio transporte en tren y un último traslado desde la estación al punto de destino. Es difícil competir en tiempo y en coste contra un camión que carga en origen y descarga en destino. Este mismo análisis para un transporte entre la Costa Este y la Oeste de Estados Unidos ofrece el resultado inverso. Los pasajeros ahorran tiempo y dinero viajando en avión y el transporte de mercancías puede ser menos costoso utilizando el ferrocarril. Es un problema de distancia. En función de los precios de los billetes, de los costes de transporte y de los tiempos de viaje, existe una distancia a partir de la cual una modalidad de transporte es más conveniente que otra. Siempre será posible concebir una ecuación —o algoritmo, si se prefiere— que determine la distancia de equilibrio entre modalidades de transporte, pero no se puede olvidar que en las decisiones personales o empresariales intervienen muchas motivaciones, desconocidas para un regulador que pretenda, como hemos oído, prohibir los vuelos de pasajeros de una distancia inferior a 1.000 kilómetros. La alternativa, suprimir el monopolio del transporte de viajeros en trenes de alta velocidad, con la consiguiente reducción de precios, convierte en una decisión voluntaria lo que podía haber sido una imposición. No es fácil conducir a una sociedad a través de los cambios que nos esperan. En sociedades democráticas, hacerlo a golpe de ordenanza no suele ser un método que genere las adhesiones necesarias.

Transporte aéreo

En este caso, ni las baterías ni el hidrógeno parecen soluciones factibles. Las baterías por su peso y el hidrógeno por el tamaño y peso del depósito. Puede haber pequeños aviones eléctricos capaces de transportar cuatro o cinco personas en distancias cortas. Airbus tiene diseñado un prototipo de avión de hidrógeno, pero la mayor parte del fuselaje estaría ocupado por el depósito, lo que reduce de forma notable la capacidad de transportar pasajeros.

El consenso es que la solución para la aviación pasa por los biocombustibles avanzados o por los RFNBO o e-combustibles. En este sentido, ha hecho fortuna la denominación SAF (*sustainable aviation fuel*). Este nombre refleja la necesidad de la doble certificación que requieren estos combustibles. La primera es la certificación ASTM (American Society for Testing and Materials o 'Sociedad Estadounidense para Pruebas y Materiales'), que garantiza la seguridad de su uso en aviación, a la que se añade una certificación adicional sobre la sostenibilidad del combustible y de su proceso de fabricación. Este segundo sistema de certificación debe provenir de un organismo previamente aprobado por la OACI (Organización de Aviación Civil Internacional). La fabricación de SAF está experimentando un cierto auge. Al no existir más alternativa para la descarbonización o, mejor dicho, desfosilización del combustible, las líneas aéreas van a adquirirlo con independencia de su coste. En la medida en que lo mezclen con el combustible tradicional en pequeñas cantidades, la traslación del mayor coste al precio de los billetes será limitada. El problema será la obligada generalización del uso de un combustible que, como mínimo, triplica el coste del combustible que sustituye.

Transporte marítimo

Esta forma de transporte presenta similitudes con el aéreo. Las posibilidades de uso de la electricidad son bastante limitadas, quizás algunos ferris en trayectos cortos. El hidrógeno supone incrementar el tamaño o el peso de los depósitos, además de cambiar todo el sistema de propulsión tradicional de los barcos. La solución que se abre paso es la sustitución del combustible. El candidato mejor situado por el momento es el metanol, producido por gasificación de biomasa o su versión más exquisita, el e-metanol, producido a partir de hidrógeno verde y dióxido de carbono capturado de la atmósfera. El metanol es líquido a temperatura y presión ambientales y su manejo no ofrece dificultades. Un segundo candidato es el amoníaco. Su ventaja es que es una mezcla de nitrógeno e hidrógeno (NH_3) y, al no contener carbono, no genera emisiones. El problema del amoníaco es su mal olor y sus propiedades cáusticas. A diferencia del metanol, a temperatura ambiente es gaseoso. Todo ello hace que su manejo sea más complicado. Si se compara con el e-metanol, cuyo contenido en carbono procede de la atmósfera, la ventaja en términos de emisiones tampoco existe. También se habla del amoníaco como método para transportar hidrógeno a largas distancias. El hidrógeno producido con energía fotovoltaica en Arabia Saudita o con energía eólica en Chile es transformado en amoníaco y transportado a Estados Unidos o Europa, donde se realiza la operación contraria. No parece muy eficiente por las pérdidas y la energía consumida en los procesos de conversión y reconversión del hidrógeno. El problema del e-metanol, si resulta la opción que finalmente se impone, es, de nuevo, su coste, aunque su repercusión en el flete de los grandes buques portacontenedores que navegan entre Asia, América y Europa sea reducida.

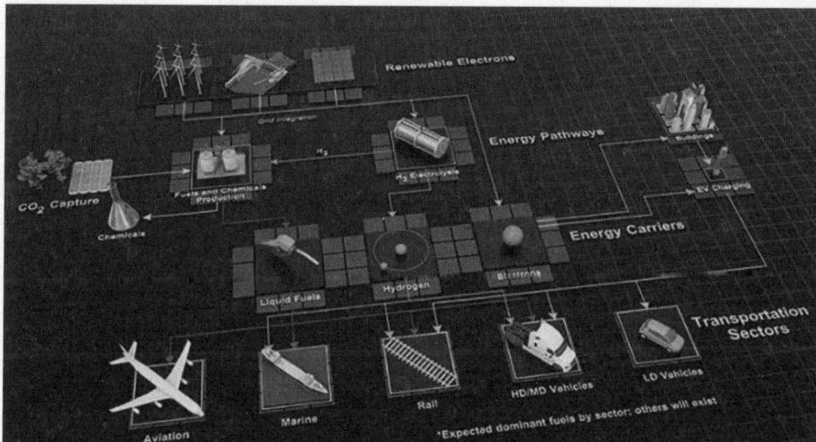

Una estrategia de descarbonización en profundidad ha de considerar a los diferentes sectores del transporte como parte de un ecosistema energético alimentado por electrones renovables y asociado a empresas transportistas que utilicen energías bajas en carbono.

Fuente: National Renewable Energy Laboratory.

La descarbonización del transporte en sus distintas modalidades será una mezcla de electricidad sin emisiones, hidrógeno y *moléculas verdes*, término genérico que engloba a los biocombustibles y a los e-combustibles.

La descarbonización de edificios

En economías desarrolladas, la solución a las emisiones de los edificios pasa por descarbonizar la producción de energía eléctrica y electrificar al cien por cien todo el consumo de energía. En edificios residenciales, la iluminación y los electrodomésticos —como su propio nombre indica— se alimentan de la corriente eléctrica. El calor de las cocinas vitrocerámicas o de inducción lo proporciona la electricidad. Hay sistemas probados y disponibles para satisfacer las necesidades de calefacción y agua caliente sanitaria con electricidad. Problema resuelto. En edificios administrativos o comerciales, la solución es similar.

Pensar que el mundo es parecido a lo que vivimos en España o Europa es una de las mayores y más habituales equivocaciones que se cometen al hablar de transición energética. Un 32 % del consumo final de energía en el mundo se produce en edificios de todo tipo y condición. Un 36 % es electricidad, un 24 % es gas y un 19 % es biomasa tradicional. Esta biomasa —leña y excremento seco de ganado— es el consumo de las personas sin suministro eléctrico y sin acceso a sistemas limpios de cocina. El 21 % restante se lo reparten el petróleo, el carbón, la biomasa moderna y el suministro centralizado de calor. Electrificar es una solución, pero lo que para una parte del mundo es una solución al problema de las emisiones, para otra es una solución al problema de la falta de acceso a un suministro energético. Para los primeros, la electricidad es la única solución. Para los segundos, cualquier alternativa vale, emita o no dióxido de carbono.

En Europa, los consumos domésticos pendientes de electrificar son, en general, la cocina, la calefacción y el agua caliente sanitaria. Ya se han mencionado las posibilidades para electrificar la cocina. La bomba de calor es la tecnología que permite electrificar la calefacción y el agua caliente sanitaria y reducir al mínimo las emisiones. El funcionamiento de la bomba de calor no supone ninguna novedad. Es el mismo sistema que se utiliza en las neveras y en los aires acondicionados. Es un circuito por el que circula un gas refrigerante. Este gas se calienta cuando se comprime y se enfría al expandirse. El movimiento sucesivo de compresión y expansión sirve para transmitir calor y frío. Este circuito funciona siempre en la misma dirección con las neveras y el aire acondicionado clásico: frío hacia dentro y calor hacia fuera. Existen también circuitos reversibles que funcionan en una dirección en verano y en otra en invierno. En invierno proporcionan calor al interior de la vivienda y en verano, frío. El calor que proporciona la bomba puede usarse también para calentar agua. De esta forma, pueden existir circuitos aire-aire o aire-agua. En algunos casos puede utilizarse una tubería subterránea para que sea el calor de la tierra y no el del aire el que se transmita al refrigerante. Son variantes del mismo principio.

El circuito de compresión y expansión se mueve con electricidad, pero el calor inicial se toma del ambiente. Incluso con temperaturas exteriores bajo cero, el refrigerante se mantiene en estado gaseoso porque su punto de ebullición se sitúa en unos −40 °C. Aquí reside la superior eficiencia energética de esta tecnología. Con poco, la electricidad que mueve el circuito, hace mucho: calentar o enfriar una vivienda a partir de la temperatura ambiente.

El problema de las bombas de calor, también denominadas *aerotermia*, es su coste. En España, con instalación incluida, una caldera de gas puede costar entre 1.800 y 3.500 euros. El coste de una bomba de calor, según modelos, puede variar entre 10.000 y 20.000 euros. Es el mismo problema que con los coches eléctricos. Se requiere una elevada inversión para reducir emisiones y poder disponer de una energía más barata. De nuevo, la brecha social entre quien puede permitírselo y quien no. De nuevo, la necesidad de tiempo para que el proceso de sustitución se lleve a cabo. Una solución parcial y transitoria sería obligar a los comercializadores de gas natural a incluir un porcentaje de biometano, e incluso de hidrógeno, en el gas que comercializan. Al tratarse de un porcentaje reducido, un 5-10 %, el incremento de precio se diluiría. Es una forma de reducir emisiones mientras el cambio de los sistemas de agua caliente y calefacción se produce.

Un inconveniente de las bombas de calor es la composición química de los refrigerantes. Inicialmente incluían compuestos de cloro, flúor y carbono. Dada la incidencia de los compuestos de cloro en la capa de ozono, se prohibió su uso, pero el carbono sigue formando parte de su composición, con el consiguiente impacto en las emisiones. Incluso contando con este factor, las emisiones derivadas de una bomba de calor son varias veces inferiores a las derivadas de cualquier otro sistema alternativo de calefacción o agua caliente sanitaria.

Otra cuestión es la posibilidad o necesidad de invertir en el aislamiento térmico de edificios. Un mejor aislamiento redunda en un menor consumo de energía. Si esa energía es de origen fósil, un menor consumo de energía se traduce en menores emisiones. Si esa energía es electricidad renovable, el aislamiento de edificios no genera beneficio alguno en términos de emisiones. En algunos países desarrollados, como por ejemplo en España, se prevé destinar un importante volumen de recursos públicos al aislamiento de edificios. Sería mejor dedicar esos fondos a ayudar a las familias que lo puedan necesitar para que electrifiquen sus consumos domésticos. Sería más rentable en términos de ahorro de emisiones y de reducción de la desigualdad. Otra vez nos encontramos con el esfuerzo inversor que la transición energética requiere y con el riesgo de fractura social.

Si invertir en aislamiento de los edificios existentes puede no ser rentable en términos de reducción de emisiones, la normativa de construcción de nuevos edificios es un elemento relevante en el proceso de descarbonización. El primer problema son los materiales: el cemento y el acero son dos industrias intensivas en emisiones de dióxido de carbono. Aunque en menor escala, lo mismo ocurre con la producción de ladrillos, tejas y material cerámico o con el vidrio. Tampoco se trata de volver a la madera o al adobe, pero nuevos materiales y diseños pueden contribuir de forma notable a un menor consumo energético y a la correspondiente reducción de emisiones. Todos los consumos energéticos de los edificios de nueva construcción deberían ser eléctricos.

La descarbonización de la industria

Es la parte más compleja de la ecuación, por la diversidad de sectores, la complejidad de los diferentes procesos de producción y por las temperaturas que, en algunas actividades, es necesario alcanzar. No obstante, el 59 % de las emisiones industriales se produce en tres sectores: hierro y acero; química; y minerales no metálicos, que incluye el cemento, la cerámica y el vidrio. Diez sectores industriales, incluidos los tres citados, suponen el 84 % de las emisiones mundiales del sector industrial. Al mismo tiempo, el 45 % de las emisiones industriales del mundo se producen en China. Diez países —China incluida— emiten el 75 % de las emisiones mundiales con origen industrial. Esta concentración sectorial y geográfica permite alentar un moderado optimismo. Acciones concertadas entre pocos países sobre determinadas industrias pueden producir avances notables.

Las emisiones del sector industrial tienen un triple origen: las derivadas de la electricidad adquirida para el funcionamiento de la industria, las derivadas de la combustión necesaria para producir calor y, en tercer lugar, las emisiones que se generan por el propio proceso industrial.

La primera parte del problema, las emisiones derivadas de la electricidad adquirida, se soluciona gracias a un sistema eléctrico descarbonizado.

En cuanto a las emisiones derivadas de la combustión asociada al propio proceso industrial, existen diversas posibilidades para electrificar el consumo de energía:

- Para temperaturas inferiores a 150 °C, la bomba de calor puede ser una solución.
- Hacer pasar electricidad por una resistencia que disipa parte de la electricidad recibida en forma de calor es la forma más corriente de producir calor con electricidad. Es el

sistema usado en electrodomésticos como termos de agua o secadores de pelo. En aplicaciones industriales pueden alcanzarse temperaturas de hasta 1.250 °C. Para temperaturas superiores es necesario utilizar tungsteno como resistencia en lugar de la tradicional aleación de cromo y níquel.

- La inducción usa la creación de un campo magnético que genera una corriente eléctrica en un material conductor de electricidad. Esta electricidad se transforma en calor por la resistividad del material conductor. El calor se transmite al objeto que se desea calentar. El calor por inducción en distintas aplicaciones industriales va desde los 100 a los 3.000 °C.
- Un relámpago es un arco eléctrico natural. Se produce cuando electricidad a un alto voltaje descompone un gas para formar plasma, un gas altamente conductor de electricidad. Se genera luz y calor. Una aplicación industrial es el horno de arco eléctrico, utilizado para fundir chatarra. Una derivada, pendiente aún de desarrollo tecnológico, es la antorcha de plasma, que inyecta el plasma producido por el arco eléctrico como forma de transmitir calor de forma localizada. Sirve para cortar metales y, en general, para transmitir calor.
- Las ondas de radio y las microondas sirven para calentar determinados materiales. El principio es el mismo que el de los microondas domésticos. El campo eléctrico creado provoca la fricción de las moléculas del objeto a calentar. En aplicaciones industriales hay hornos de microondas que alcanzan los 2.200 °C. El ITER, el experimento europeo de energía de fusión, utiliza microondas para alcanzar millones de grados de temperatura.
- El calentador infrarrojo está basado en la radiación infrarroja emitida por determinados materiales cuando se calientan a través de una resistencia eléctrica. Posee aplicaciones industriales que requieren bajas temperaturas, pero se necesita un control preciso de éstas.
- Los rayos láser, en sus distintas variantes, constituyen otra forma de transformar electricidad en calor. Se utilizan para

labores de precisión y también para fundir materiales en impresión 3D.

La generación de calor a partir de electricidad puede combinarse con el almacenamiento de este calor mediante el empleo de *baterías térmicas*. La electricidad calienta bloques de grafito o arena de silicio. Para usar el calor almacenado se hace pasar un fluido desde la batería al equipo industrial que requiere calor.

Alcanzar determinadas temperaturas no es, por tanto, una barrera infranqueable para la electrificación. No obstante, hay sectores, como la industria de revestimientos cerámicos, en los que el producto es sometido a diversas operaciones —secado, prensado, esmaltado y cocción— que requieren diferentes temperaturas. Hoy en día, no existen prototipos de hornos eléctricos que permitan regular la temperatura con diferencias superiores a 800 °C en los 40 metros lineales que miden este tipo de hornos, y menos con la precisión requerida para garantizar la calidad final del producto. El gas natural es, para este tipo de procesos, una energía imbatible, de momento. Para el hidrógeno hay que esperar.

Una cosa es la posibilidad de alcanzar elevadas temperaturas a partir de la electricidad y otra muy distinta es contar con instalaciones industriales completas, que sólo funcionen con electricidad y que desarrollen procesos productivos de principio a fin con la calidad requerida. Llegar a ese estadio será un proceso costoso, que demandará tiempo, recursos y grandes dosis de investigación aplicada. Si se consigue, quedará tomar la difícil decisión de invertir en lo que puede suponer, en ocasiones, una nueva planta industrial.

El análisis de rentabilidad de la electrificación industrial se enfrenta a la dificultad derivada de que la electricidad es más cara que el gas natural, el carbón o el gasóleo. En 2023, en términos de euros por megavatio hora, el precio del petróleo fue 44,9 euros, el del gas, 39,2 euros y el de la electricidad, 87,7 euros. Hay una variable que es necesario destacar: la eficiencia energética. Una bomba de calor es cuatro veces más eficiente que una caldera de gas. Como la electricidad es sólo 2,2 veces más cara que el gas, el resultado es favorable a la electricidad. Un análisis similar puede hacerse para los motores eléctricos. Su eficiencia es del 95 %, frente al 30 % de eficiencia de un motor de gasóleo. La eficiencia es el triple, mientras que el precio de la electricidad sólo dobla al del petróleo. Después de completado el análisis de rentabilidad con todas las variables de rigor, seguirá pendiente la cuestión de si el balance de la compañía es capaz de soportar el esfuerzo que supone el cambio del sistema productivo.

La posibilidad de electrificar no ofrece una solución completa a determinados sectores industriales que requieren otras tecnologías complementarias para su descarbonización o se ven obligados a sustituir la materia prima de su proceso industrial.

La producción de cemento supone el 7 % de las emisiones mundiales. El material que se utiliza en la construcción es el hormigón, una mezcla de arena, piedras molidas, agua, aire y cemento, que sirve como elemento aglutinante. Un 66 % del cemento es el clínker, cuya fabricación es la primera fase de la producción de cemento. El clínker es una mezcla de minerales que contienen carbonato cálcico, óxidos de calcio y de silicio, además de pequeñas cantidades de otros óxidos de hierro, aluminio o azufre. Su fabricación requiere calentar estos minerales hasta 1.450 °C. Para ello, se quema carbón, coque de petróleo, gas o *fuelóleo*. Esta combustión es una primera fuente de emisiones. Al calentarse, los minerales reaccionan entre sí. Fruto de esta reacción —carbonatos y óxidos— se forma dióxido de carbono, que se libera a la atmósfera. Esta segunda fuente de emisiones se llaman *emisiones de proceso*. Para completar la fabricación de cemento, el clínker se mezcla con caliza, yeso y escoria procedente de la fabricación de hierro. Finalmente se muele y se convierte en polvo. Una primera vía de descarbonización es reducir el porcentaje de clínker en el cemento y reemplazar el carbonato cálcico en la fabricación del propio clínker. Son vías complicadas, aunque se calcula que el porcentaje de clínker puede reducirse hasta el 60 % en 2050. La sustitución del carbonato cálcico puede hacerse, de forma limitada, por algún tipo de arcilla. Al final, las emisiones de proceso no pueden descarbonizarse. La solución es capturar el dióxido de carbono emitido. La otra parte de la solución es utilizar un combustible de emisiones cero para conseguir las temperaturas de proceso, bien hidrógeno o bien algún otro tipo de biocombustible avanzado. Para el futuro se perfila la posibilidad de electrificar usando *antorchas de plasma*: calentar un gas sin carbono —nitrógeno, oxígeno, argón— a través de un arco eléctrico. Un futuro que requiere investigación y recursos.

Por otro lado, la combinación de un alto horno y de un horno de oxígeno es el proceso más extendido para la producción de acero. En un alto horno las materias primas utilizadas son óxidos de hierro, *coque* y óxidos de calcio. El coque es un combustible poroso que se obtiene a partir de carbón calentado hasta 1.100 °C en ausencia de oxígeno. Cuando el coque se introduce en el alto horno con el óxido de hierro, produce monóxido de carbono, que absorbe el oxígeno del óxido, lo que libera el hierro. El monóxido de carbono más el oxígeno forma dióxido de carbono. Algo parecido ocurre con el óxido de calcio, cuya misión es absorber impurezas del mineral. Un alto horno produce emisiones de dos formas distintas: una, al quemarse combustibles fósiles para producir vapor; la segunda manera tiene lugar cuando el carbón de coque absorbe el oxígeno tanto de los óxidos de hierro como de los de calcio. Es lo que se denomina *emisiones de proceso*. De nuevo, la captura de dióxido de carbono como tecnología indispensable. El hierro fundido procedente del alto horno pasa al horno de oxígeno, donde se añade cal, chatarra y una corriente de oxígeno que limpia el hierro de impurezas y oxida el carbón remanente, formando, una vez más, monóxido y dióxido de carbono. Estos gases se utilizan como combustible en la propia instalación industrial, liberando las correspondientes emisiones.

El horno de arco eléctrico es una tecnología alternativa para producir acero a partir de chatarra. Además de con chatarra, el horno se alimenta con cantidades limitadas de hierro reducido y con hierro procedente de alto horno. Para homogeneizar la temperatura del horno, la electricidad se complementa con inyección de gas y de oxígeno. Esta inyección de gas deberá ser sustituida por electricidad, posiblemente por inducción. Los electrodos que inducen la corriente eléctrica en el horno contienen grafito, material que deberá ser sustituido, pues reacciona con el oxígeno del aire y produce dióxido de carbono. Una tecnología sustitutiva del alto horno, y complementaria del horno de arco eléctrico, es la reducción directa del hierro. En un alto horno, la misión fundamental del coque producido a partir de carbón es absorber el oxígeno de los óxidos de hierro minerales y liberar así el metal. Existe un proceso alternativo disponible, los *hornos de reducción directa*, que liberan el metal con gas natural, una mezcla de gas natural e hidrógeno o sólo con hidrógeno. Un horno de reducción directa alimentado con hidrógeno producido sin emisiones y combinado con un horno de arco eléctrico totalmente electrificado y equipado con electrodos inertes es una combinación que permite producir un acero libre de emisiones. Los hornos de reducción directa tienen el inconveniente de que requieren un mineral de alta pureza. Un mineral digno de que los mineros vizcaínos entonaran el alirón —«*all iron*»—, que ha llegado hasta nuestros días como grito de ánimo al Athletic de Bilbao. El otro inconveniente es la no disponibilidad de un hidrógeno de bajas emisiones. Tecnológicamente, un acero verde, sin emisiones de dióxido de carbono, es posible. Tiempo y coste son los problemas aún no resueltos.

Otros sectores cuya descarbonización plantea un reto notable son el refino de petróleo y la industria petroquímica. En términos generales, los procesos de esta industria consisten en aplicar calor y presión en presencia de catalizadores e hidrógeno para obtener del petróleo toda la gama de sus productos derivados. Las refinerías compran petróleo y gas natural. Un 30 % de estos combustibles fósiles se utiliza en la generación del calor y del hidrógeno que necesitan en sus procesos. El 70 % no se consume, sino que se transforma en otros productos, buena parte de los cuales son combustibles, cuyo consumo genera las emisiones correspondientes. La reducción de las emisiones procedentes de la generación de calor puede hacerse a través de la electrificación o por la sustitución de combustibles fósiles por hidrógeno de bajas emisiones. No hay una estrategia clara. Una instalación básica para la industria petroquímica es el *cracker de etileno*, que transforma fracciones ligeras procedentes de la destilación de petróleo en etileno, origen de buena parte de los plásticos. De las dos empresas propietarias de los tres *crackers* existentes en España, una —Repsol— se decanta por la electrificación, mientras que la otra —Dow— se inclina por mejoras de eficiencia y utilización del hidrógeno verde como combustible. En general, la electrificación debería imponerse al hidrógeno verde: siempre que sea posible, la electricidad usada directamente tiene más sentido económico que usada en forma de hidrógeno.

La diferencia de esta industria con otras es la sustitución de su materia prima. En este caso, la expresión correcta no sería *descarbonizar*, sino *desfosilizar*. El carbono procedente de los hidrocarburos tiene que ser sustituido por carbono de origen vegetal o, en general, procedente de materia orgánica. Como se ha indicado con anterioridad al hablar de los biocombustibles, son varias las vías tecnológicas disponibles, todas conocidas. Los problemas son el coste de los productos así obtenidos y el hecho de que las emisiones no desaparecen, salvo que se trate de RFNBO. En el caso de los combustibles, el carbono utilizado en la fabricación acaba, con carácter casi inmediato, en la atmósfera: la finalidad de la gasolina, el gasóleo o el keroseno es transmitir energía a través de su combustión. Otros productos, como asfalto, lubricantes o parafinas retienen el carbono durante más tiempo. Lo mismo ocurre con la mayor parte de la producción petroquímica. No obstante, la degradación de todos estos productos acaba generando emisiones residuales. La cuestión remanente es la disponibilidad de suficiente materia prima para atender la demanda.

La recogida de residuos y el reciclaje

La sustitución de la materia prima en la industria del petróleo y la petroquímica es, quizás, la necesidad más evidente, pero la reducción de emisiones requiere ampliar la reutilización de todos los materiales posibles y reprocesar todos los residuos disponibles.

Tal vez el primer esfuerzo debería dedicarse, precisamente, a poner a disposición de las diferentes industrias la multiplicidad de residuos que se producen. Todos los residuos plásticos son susceptibles de ser reutilizados. Pueden incluso ser descompuestos hasta llegar a sus moléculas originales. Es una cuestión de coste. Los residuos metálicos también pueden ser recuperados. Para la producción de acero sin emisiones, el reprocesamiento de la chatarra disponible es esencial. Toda la materia orgánica es susceptible de ser transformada en combustible, lo que supone una oportunidad de revalorización: el desecho tiene un valor, pero la obtención de ese valor requiere incurrir en el coste de la recogida.

En el caso de explotaciones agrícolas o ganaderas, obligadas a dar salida a sus residuos, es posible construir un balance coste-beneficio que permita abordar las inversiones necesarias o, al menos, identificar, por ejemplo, el coste al que es necesario vender el biometano obtenido del tratamiento de los residuos.

Más complejo es el tratamiento de la biomasa procedente del cuidado de los bosques. La primera cuestión es si semejante labor se va a llevar a cabo, aunque se trata de una tarea imprescindible en la prevención de incendios forestales. La segunda es el coste de la recogida y del transporte de los residuos forestales hasta el centro de tratamiento. La tercera sería el reparto de los costes e ingresos derivados de su revalorización y venta. Lo mismo puede decirse de los residuos sólidos urbanos amontonados y los que se acumulan en vertederos o de los lodos procedentes de la depuración de aguas residuales. En todo este tipo de residuos interviene, de una manera u otra, la Administración pública en sus diferentes niveles de gestión; muchas veces lo hace, como es lógico, a través de las correspondientes concesiones administrativas. Debería ser una responsabilidad pública garantizar, en todo caso, el máximo nivel posible de reutilización.

Según datos del INE para 2021, en España se generan unos 115 millones de toneladas anuales de residuos de todo tipo, de los que se reciclan cerca de 50 millones. En el caso de los residuos municipales, producimos 22 millones, de los que reutilizamos o reciclamos el 36,4 %, lejos de los objetivos europeos, fijados en el 50 % para 2020 y el 55 % para 2025. Es una asignatura pendiente.[30]

30. Para más información sobre residuos, consúltese «Generación de residuos agregados por tipo de residuos, peligrosidad y sectores de actividad eco-

La eficiencia energética

Invertir para mantener los mismos niveles de producción consumiendo menos energía suele ser, salvo accidente, una decisión rentable para la empresa que la toma. En todo caso, siempre es una inversión rentable en términos de emisiones. En todo el proceso de descarbonización, mejorar la eficiencia energética de todos los procesos industriales es una necesidad. Cierto es que la propia electrificación supone una clara mejora de la eficiencia energética. Como ya se ha dicho, una bomba de calor es mucho más eficiente que una caldera de gas, de la misma forma que un motor eléctrico es más eficiente que un motor de combustión interna. Además de las iniciativas más centradas en el consumo de energía, los procesos industriales son susceptibles de incorporar mejoras de todo orden. El control automatizado de procesos, el correcto dimensionamiento de instalaciones y actividades o la utilización de impresión 3D son líneas de trabajo que pueden arrojar resultados, en algunos casos, sorprendentes. La digitalización y la inteligencia artificial son herramientas que pueden resultar de máxima ayuda en todo esfuerzo de revisión y adaptación de procesos industriales.

La eficiencia energética ayuda, pero no puede ser la única solución. La supervivencia a largo plazo de cualquier empresa pasa, inevitablemente, por su capacidad de crecer de forma rentable, de innovar y de abrir nuevos mercados. La reducción de costes, salvo que se produzca por un cambio tecnológico profundo, tiende a ser asintótica. En un momento determinado no da para más: los ahorros conseguidos no merecen el dinero que cuesta conseguirlos. En ocasiones, ante una insistencia obcecada en la eficiencia energética como única vía posible para nuestras

---

nómica», INE, <https://www.ine.es/jaxiT3/Datos.htm?tpx=67250>. Sobre reciclaje, un buen resumen se encuentra en Planelles, Manuel; y Catalán, Nacho, «Un país adicto al vertedero: seis gráficos para entender el suspenso de España en reciclaje», *El País*, 19 de junio 2023, <https://elpais.com/clima-y-medio-ambiente/2023-06-19/un-pais-adicto-al-vertedero-seis-graficos-para-comprender-el-suspenso-de-espana-en-reciclaje.html>.

economías ante la necesidad de reducir las emisiones, cabe preguntarse si no estamos ante una subrepticia defensa de la apología del decrecimiento. Sobre todo, cuando se establece desde el poder político un objetivo no ya de reducir emisiones, sino, directamente, de reducir el consumo de energía. Limitar el consumo de energía es algo muy distinto a reducir la intensidad energética, es decir, el consumo de energía por unidad de PIB. Si queremos una economía sana, la población tiene que crecer; el PIB per cápita tiene que crecer —es decir, el PIB tiene que crecer más que la población— y las emisiones, y no necesariamente el consumo de energía, decrecer.

La captura de dióxido de carbono

Hay tecnologías disponibles que permiten capturar el dióxido de carbono de la atmósfera. Un sistema de ventiladores empuja la corriente de aire a través de un filtro capaz de absorber el dióxido de carbono. El aire limpio se devuelve a la atmósfera. El sistema de ventiladores funciona con electricidad, que, obviamente, debe ser renovable. Un punto clave es la concentración de dióxido de carbono. Si la captura se realiza directamente del aire, la tarea es ímproba. Las 420 ppm (recordemos, partes por millón) que tanto preocupan por su potencial calorífico, apenas representan algo más del 0,04 % del contenido del aire. Suficiente para alimentar la vegetación del planeta, pero insuficiente para una extracción eficaz desde un punto de vista económico. En los gases emitidos por procesos industriales, las concentraciones son más altas, pero cuando el calor se genera en instalaciones abiertas apenas supera el 3-4 %. En otros procesos industriales se generan concentraciones superiores, cercanas al 25 %, que facilitan la tarea.

Una solución para el dióxido de carbono capturado es su secuestro en el subsuelo. Para ello suelen utilizarse yacimientos ya agotados de petróleo y gas. Otra opción es el desarrollo de un almacén específico, por ejemplo, bajo formaciones salinas del subsuelo que puedan servir de *sello*. El dióxido de carbono necesita ser transportado hasta la ubicación elegida para su almacenamiento e inyectado en el subsuelo a presión suficiente. Ambas operaciones suponen costes adicionales y consumo de energía. El dióxido de carbono almacenado, finalmente, en el subsuelo requiere también ser monitorizado. Una variante es utilizar el dióxido de carbono para incrementar la producción de petróleo en campos aún en producción. Al inyectar el dióxido de carbono sube la presión del yacimiento y aumenta la producción. El balance en términos de emisiones es, por lo menos, dudoso.

Se añade la posibilidad de reutilizar el dióxido de carbono capturado. Ya hemos mencionado como alternativa su transformación en combustibles y productos químicos, aunque también cabe su uso en invernaderos para acelerar el crecimiento de los productos sembrados. Igualmente, puede usarse para el crecimiento de microalgas que luego servirán como materia prima en la fabricación de biodiésel. Otra salida es la fabricación de materiales de construcción, desde cemento hasta áridos para carreteras. Hay tres variables que determinaran la prevalencia de unas opciones sobre otras: el desarrollo de la tecnología correspondiente, el coste y el tiempo de permanencia del dióxido de carbono fuera de la atmósfera. Hacer combustibles, como hemos visto, es tecnológicamente factible pero caro, y tenemos la certeza de que el dióxido de carbono volverá a la atmósfera en cuestión de días o semanas. Lo mismo ocurre con la fabricación de plásticos, aunque el dióxido de carbono puede estar fuera de circulación durante meses o años. Fabricar áridos es caro, sobre todo si comparamos sus costes con los de una cantera, y tecnológicamente complejo. Ahora bien, el dióxido de carbono puede no volver a la atmósfera durante siglos.

La forma más barata de capturar dióxido de carbono del aire es la reforestación. Incrementar la masa vegetal supone garantizar una mayor absorción de dióxido de carbono. El carbono captado puede permanecer fuera de circulación durante décadas. Recuperar humedales, pastizales y, en general, suelos con cubierta vegetal garantiza una mayor captura de dióxido de carbono y un mayor almacenamiento de carbono orgánico en el suelo.

La captura de dióxido de carbono, su almacenamiento, transporte y su eventual reutilización o almacenamiento implica inversiones importantes que muchas veces superan la capacidad financiera de una empresa. En sentido positivo, la inversión conjunta de varias empresas, en ubicaciones geográficas que lo permitan, facilita la obtención de economías de escala. La concentración de empresas o actividades con altas emisiones hacen especialmente aconsejable abordar la captura de dióxido de carbono de forma colectiva.

Los defensores a ultranza de lo verde reniegan de la captura de dióxido de carbono y hasta de la reforestación. Son percibidas como la coartada perfecta para seguir usando combustibles fósiles. La realidad es que, guste o no, son parte relevante de la solución. Todos los combustibles de origen no fósil van a seguir generando emisiones. Los sistemas eléctricos descarbonizados requieren fuentes de generación firme y flexible en los que los gases renovables o el gas natural tendrán que jugar un papel. Si sus emisiones se capturan será siempre mejor. Sería posible recurrir al hidrógeno verde para semejante menester, pero, de momento, sus costes no parecen permitirlo. Un hidrógeno más barato y de bajas emisiones puede producirse a partir de gas natural, de nuevo, con captura de dióxido de carbono.

Un estudio de la Shell —sospechosa habitual para militantes ecologistas— señala que la reforestación de una superficie equivalente a la de Brasil permitiría limitar el calentamiento global a 1,5 °C. No parece una alternativa realista, pero indica el valor que tiene la reforestación para atajar el problema que nos aqueja. En sentido inverso, tampoco tiene lógica pensar que la captura de dióxido de carbono podría permitirnos seguir como hasta ahora. En los escenarios más optimistas, la reforestación y la captura industrial permitirían reducir las emisiones en 18 gigatoneladas anuales en 2050. Hoy emitimos 41 gigatoneladas, de las que 37 proceden de la quema de combustibles fósiles.[31]

31. *The Sky Scenario*, Shell, <https://www.shell.com/news-and-insights/scenarios/the-energy-security-scenarios/_jcr_content/root/main/section_92

Un capítulo incipiente y aún poco explorado de la captura de dióxido de carbono es su obtención a partir del agua marina. El mar es un sumidero natural de dióxido de carbono. Si se extrae, además de reducir la acidificación, se incrementa su capacidad de absorber dióxido de carbono de la atmósfera.

Epílogo a la descarbonización

Podemos contar con sistemas eléctricos descarbonizados que nos proporcionen electricidad a un coste razonable, incluso inferior al actual. Para todo lo demás hay solución técnica, pero los números cuadran mal. Como ciudadanos tenemos a nuestro alcance tecnologías que nos permiten electrificar todos nuestros consumos de energía, con la salvedad de que los coches eléctricos son un 50 % más caros que los equipados con motor de combustión interna y el coste de una bomba de calor triplica el de una caldera de gas. Con las necesarias inversiones, buena parte de la industria es electrificable. El problema es, una vez más, la rentabilidad de todas esas inversiones. Por un lado, se necesita que la eficiencia energética elimine el hecho de que el combustible a sustituir sea más barato que la electricidad.

Por otro, es imposible obviar el hecho de que la electrificación puede llegar a suponer el cambio total del proceso productivo de una empresa. No hay que considerar sólo la rentabilidad de la inversión, sino también el consiguiente impacto en el balance, bien en términos de deuda, bien en términos de la necesidad de allegar más recursos propios.

Técnicamente hay procesos para producir todo tipo de combustibles y plásticos a partir de hidrógeno y carbono que no sea de origen fósil. El problema es que su coste es entre tres y seis veces superior a los producidos con petróleo o gas natural. Podemos producir acero sin emisiones o capturar las que se produ-

---

6760145/promo/links/item0.stream/1679344984968/5bc8327925d66e1402040d0e79fed7291bf9b7e9/energy-security-scenarios-full-report.pdf>.

cen en la fabricación del cemento, pero serán un acero y un cemento irremediablemente más caros.

Determinados procesos industriales deberán abaratarse como consecuencia de la proliferación de inversiones y generación de economías de escala, pero hay cuestiones irresolubles: el contenido en carbono de cualquier materia orgánica o vegetal es muy inferior al de cualquier hidrocarburo. Producir electricidad para producir hidrógeno para volver a convertirlo en electricidad, con las pérdidas de energía correspondientes en cada transformación, no es rentable. Peor aspecto económico tiene la utilización del hidrógeno para mezclarlo con dióxido de carbono capturado del aire y producir combustibles sintéticos.

El abaratamiento y mejora tecnológica de las baterías es una hipótesis plausible que abriría la puerta a la electrificación masiva del transporte y nos acercaría a un sistema eléctrico basado en renovables con un coste más bajo. Esta y otras mejoras tecnológicas requieren tiempo. Tiempo para materializarse, pero, sobre todo, tiempo para desencadenar el proceso inversor que acerque las mejoras producidas al mercado. Tiempo para que los cambios tecnológicos vayan decantando la evolución de todo el proceso de reducción de emisiones. El problema es si los plazos fijados por la política de los gobiernos, en especial los europeos, son congruentes con la realidad técnica y económica.

3

La política

La política europea

Descrito el problema del calentamiento global y repasadas las soluciones técnicas disponibles, el paso siguiente debe ser revisar las decisiones políticas que sugieren, incentivan o, incluso, fuerzan la adopción, por parte de los diferentes agentes económicos, de algunas de las soluciones disponibles para reducir sus emisiones de dióxido de carbono. El poder político, a través de los cauces legales existentes, siempre puede imponer algún tipo de norma coactiva. En sociedades democráticas deberá convencer al electorado de la utilidad y conveniencia de su decisión. Cuando se trata de incentivar determinados comportamientos, siempre cabe un doble enfoque: *palo* o *zanahoria*, impuestos o subvenciones. Sugerir, persuadir es siempre conveniente en la acción política. El problema es garantizar que se alcanzan resultados concretos.

Estudiar la normativa europea vigente parece lo más conveniente a la hora de repasar lo que la acción política puede hacer por descarbonizar una economía. Siempre se ha dicho que Estados Unidos inventa, China copia y la Unión Europea regula. La regulación europea en la materia no admite comparación. Es la más completa del mundo. Es una regulación ambiciosa. Constituye un objetivo declarado de la UE liderar todo el proceso mundial de reducción de emisiones. Es también una regulación actualizada. Las iniciativas previstas en el paquete de reformas Objetivo 55 (Fit for 55) han sido formalmente aprobadas, la mayor parte de ellas, a lo largo de 2023 y 2024.

La Comisión Europea que termina su mandato en 2024 asumió sus responsabilidades el 1 de diciembre de 2019. Diez días después, aprobó una comunicación oficial cuyo título era El Pacto Verde Europeo, en la que dejaba claro su objetivo no sólo de contribuir, sino de liderar el cumplimiento del Acuerdo de París para reducir el aumento global de las temperaturas previsto. En el texto del Acuerdo de París se encargaba al IPCC la realización de un informe sobre la senda de reducción de emisiones congruente con el incremento de temperaturas entre 1,5 y 2 °C previsto en el acuerdo. El informe vio la luz en 2018, antes de que la Comisión quedara constituida, pero su mensaje era claro: el cumplimiento del Acuerdo de París requería acelerar la reducción de emisiones. El posterior sexto informe del IPCC volvió a insistir en la urgencia de disminuir las emisiones de forma inmediata.

La maquinaria burocrática de Bruselas es lenta. Exige siempre acuerdos entre tres partes: la propia Comisión, los países miembros representados en el Consejo y el Parlamento Europeo. En este caso, en 18 meses se aprobó el Reglamento 2021/1119 del Parlamento Europeo y del Consejo de 30 de junio de 2021 que establecía, con carácter vinculante, los objetivos asumidos por la Unión Europea:[32]

> Art. 2. Apdo. 1. Las emisiones y absorciones de gases de efecto invernadero reguladas en el Derecho de la Unión estarán equilibradas dentro de la Unión a más tardar en 2050, por lo que en esa fe-

32. El Pacto Verde Europeo queda recogido en la comunicación de la Comisión de 11 de diciembre de 2019. Todos los textos normativos de la UE que se citan en el texto pueden encontrarse en <https://eur-lex.europa.eu/legal-content/ES>. A lo largo de este capítulo se facilitan las referencias a las normas para los lectores interesados en su consulta.

> cha las emisiones netas deben haberse reducido a cero y, a partir de entonces, la Unión tendrá como objetivo lograr unas emisiones negativas.
>
> Art. 4. Apdo. 1. Con el fin de lograr el objetivo de neutralidad climática establecido en el artículo 2, apartado 1, el objetivo climático vinculante de la Unión para 2030 consistirá en una reducción interna de las emisiones netas de gases de efecto invernadero (emisiones una vez deducidas las absorciones) de, al menos, un 55 % con respecto a los niveles de 1990, de aquí a 2030.

La cita textual del reglamento tiene por objeto recordar que la reducción del 55 % de las emisiones en 2030, el neto cero en 2050 y hasta las emisiones negativas a partir de dicho año son normas de obligado cumplimiento.

A lo largo de los años la UE ha venido adoptando diferentes medidas para adaptarse a los compromisos internacionales adquiridos. El sistema de derechos de emisión data de 2005. La primera directiva que establece objetivos de energías renovables fue aprobada en 2009. Tras la aprobación del reglamento que fijaba la reducción del 55 % de las emisiones para 2030, la Comisión planteó que la consecución de este objetivo intermedio requería la modificación de todo un conjunto de normas. La agrupación de todos estos cambios normativos es lo que llamamos el paquete Objetivo 55. En éste se incluía la modificación del sistema de derechos de emisión, la modificación de las normas aplicables a edificios, la fijación de objetivos de gases renovables, la regulación de combustibles marítimos y de aviación y nuevos objetivos de renovables. Con motivo de la invasión de Ucrania y la subsiguiente crisis energética derivada del corte del suministro de gas ruso por tubería, la Comisión Europea aprobó un nuevo paquete de medidas, denominado esta vez REPower EU. Este paquete recoge medidas encaminadas a reforzar la seguridad de aprovisionamiento como la reducción de la demanda de gas, compras conjuntas o regulación del llenado de los almacenes de gas antes de la temporada invernal, pero, también, en busca de una mayor independencia energética, insiste en acelerar el desarrollo de energías renovables. En el análisis que sigue se comentan los diferentes aspectos de la regulación europea de forma temática, sin distinguir, en ocasiones, si el origen de la normativa es anterior o posterior a la aprobación de las iniciativas Objetivo 55 y REPower EU.[33]

En todo caso, conviene recordar que estos dos paquetes de iniciativas dan pie al comienzo de la tramitación administrativa de las diferentes propuestas, que sólo alcanzan capacidad normativa una vez aprobadas por el Parlamento y el Consejo europeos. De ahí que apuntásemos que la mayor parte de las aprobaciones de estas normas, propuestas en 2021 y 2022, se hayan producido en 2023 y 2024.

El sistema europeo de derechos de emisión. European Trading System (EU ETS). La descarbonización de la industria[34]

Creado en 2005, supone una aproximación progresiva al principio de que quien contamina paga. En un principio, quedaron sujetas a este sistema todas las instalaciones industriales cuyas emisiones superaran las 50.000 toneladas de dióxido de carbono anuales. Para poder emitir era necesario contar con derechos de emisión. Al término de cada ejercicio, las distintas instalacio-

33. Para ampliar información sobre ambas iniciativas, consúltense los siguientes enlaces, que contienen infografías que facilitan el seguimiento de los cambios normativos: «Objetivo 55», Unión Europea, <https://www.consilium.europa.eu/es/policies/green-deal/fit-for-55/> y «REPowerEU: la política energética en los planes de recuperación y resiliencia de los países de la UE», Unión Europea, <https://www.consilium.europa.eu/es/policies/eu-recovery-plan/repowereu/>.

34. Directiva EU 2023/959 del Parlamento Europeo y del Consejo de 10 de mayo de 2023 que modifica la Directiva 2003/87/CE por la que se establece un régimen para el comercio de derechos de emisión de gases de efecto invernadero en la Unión y la Decisión (UE) 2015/1814, relativa al establecimiento y funcionamiento de una reserva de estabilidad del mercado en el marco del régimen para el comercio de derechos de emisión de gases de efecto invernadero en la Unión.

nes debían entregar tantos derechos como toneladas de dióxido de carbono habían emitido. Si a alguna instalación le sobraban derechos, podía venderlos. Si le faltaban, podía comprar a otros intervinientes en el mercado. En caso de que a alguna instalación le faltaran derechos en el momento de la liquidación anual, tenía que pagar una multa de 100 euros por tonelada. El sistema se diseñó para que fuera surtiendo efecto de forma gradual.

El techo total de emisiones debía reducirse con el tiempo, haciendo más escasa la oferta. Inicialmente, los derechos se otorgaban de forma gratuita. Estos derechos gratuitos también disminuían con el tiempo, siendo sustituidos por subastas, cuyos ingresos iban destinados al erario de los países miembros.

- En la primera fase de aplicación del sistema, entre 2005 y 2007, el techo de emisiones, calculado con generosidad, no se redujo. Los derechos de emisión se otorgaron todos con carácter gratuito. El precio de los derechos era cercano a cero a finales de 2007.
- En la segunda fase, entre 2008 y 2012, el techo de emisiones continuaba sin reducirse. La mayor parte de los derechos se otorgaron con carácter gratuito, aunque se daba comienzo a las subastas. La aviación, en vuelos internos europeos, quedó sujeta al sistema. La crisis financiera de 2008 redujo la actividad industrial y los precios de los derechos se derrumbaron.
- La tercera fase, entre 2013 y 2020, fue la de los grandes cambios. El techo de emisiones empezó a disminuir un 1,74 % anual. Creció el volumen de derechos sujeto a subasta. Se creó una reserva de estabilidad que permitía retirar derechos del mercado. Lisa y llanamente, se restringió la oferta para que los precios subiesen, aunque se establecía como límite que la dotación a la reserva no podía superar el 12 % de los derechos en circulación.
- La cuarta fase, entre 2021 y 2030, mantiene la tendencia de la fase anterior. El techo se reduce a un ritmo del 2,2 % anual. La asignación gratuita se reduce. La dotación a la reserva se amplía hasta el 24 % de los derechos en circula-

> ción. A partir de 2023 se limita también el volumen de derechos que pueden mantenerse en la reserva. El exceso se anula y desaparece. Con el paquete de medidas Objetivo 55, la UE ha endurecido aún más la senda prevista. Condicionó la asignación gratuita a la ejecución de esfuerzos de descarbonización y aceleró la senda de restricción del techo hasta el 4,2 % anual. La reducción de emisiones de la industria en 2030 debe alcanzar el 62 %. Se incorpora el transporte marítimo al ETS industrial y de aviación. Se ha concebido, para aplicar a partir de 2026, un nuevo sistema ETS aplicable al transporte y a los edificios. En este caso, los sujetos obligados a presentar los derechos de emisión serán los operadores que comercializan los combustibles fósiles. No se descarta que a partir de 2030 ambos sistemas ETS converjan en uno solo.

Este sistema plantea varios problemas. El primero de ellos es, si se quiere, de índole filosófica. Desde hace décadas, la teoría económica maneja la existencia de costes o beneficios sociales, derivados de una actividad económica empresarial, que no se internalizan en la formación de precio. De ahí que se hable de externalidades, que pueden ser negativas o positivas. El ejemplo más claro de una externalidad negativa es, precisamente, el coste derivado de la contaminación ambiental. El economista inglés Arthur Pigou fue el primero que analizó el problema. Su propuesta era sencilla. La solución ante la existencia de costes sociales era el establecimiento de un impuesto. Si la producción de un determinado bien tenía efectos nocivos, el impuesto elevaría su precio, la demanda del bien se reduciría y, en paralelo, harían lo propio sus impactos negativos. En el caso contrario, una externalidad positiva, la solución era un subsidio que reduciría el precio del bien e incrementaría la demanda. El cálculo del tipo impositivo o del subsidio siempre plantea dificultades, pero la propuesta de Pigou era clara.

Años después, un economista norteamericano, Ronald Coase, en un artículo publicado en 1964, sostuvo que, si los derechos de propiedad están correctamente asignados, era más eficiente dejar que las partes implicadas alcanzaran un acuerdo negociado. Esta aportación teórica de Coase se considera el origen de los sistemas de *cap and trade*, por los que se regulan los costes derivados de las externalidades negativas medioambientales. Se fija un techo global de emisiones decreciente y se reparten los derechos a emitir entre las partes implicadas, que negocian entre sí para adecuar sus emisiones y los derechos que poseen.

El sistema europeo, establecido en 2005, el European Emissions Trading System (recordemos, EU ETS) es, con alguna peculiaridad, un sistema de *cap and trade*. La realidad es que la Comisión Europea no se planteó la opción entre la propuesta de Pigou y la alternativa elaborada a partir de la aportación teórica de Coase. El establecimiento de normas fiscales dentro de la UE requiere la unanimidad de los países miembros, por lo que fue una opción descartada desde el primer momento. Exigir unanimidad equivale a otorgar un derecho de veto a cada país miembro. Se optó por el procedimiento alternativo, pero no porque fuera el más eficiente. Era el único posible. Si en lugar de un ETS contáramos con un impuesto a las emisiones, se evitarían al menos dos problemas. El primero es la ausencia de discriminación entre sectores industriales de fácil o difícil descarbonización. La descarbonización de la industria de alimentación y bebidas no plantea, en general, demasiadas dificultades técnicas y el esfuerzo inversor es moderado. Este sector paga por emitir lo mismo que un sector que hoy en día no dispone de alternativas válidas. La industria de revestimientos cerámicos no dispone de hornos eléctricos que sustituyan a los actuales de gas ni dispone de una oferta de hidrógeno de bajas emisiones que pueda sustituir al gas natural. Para estos sectores, los derechos de emisión pasan de ser un incentivo a la descarbonización a convertirse en un coste adicional. El segundo problema del mercado de derechos de emisión es su carácter anticíclico. El mercado de derechos de emisión es un mercado financiero en el que intervienen multitud de actores sometidos o no a la obligación de descarbonizar. Con motivo de la guerra de Ucrania y el encarecimiento del gas, era previsible la sustitución del gas por carbón en la generación de electricidad. Como el carbón produce más emisiones que el gas, era también previsible la subida de precios de los derechos de emisión, por lo que se incrementó la demanda de derechos y su precio. No era lo que necesitaba la industria europea en ese momento. Ahora vivimos la situación contraria. Ha caído la demanda eléctrica, ha subido la generación renovable y ha descendido la generación de energía con gas y carbón. Los precios de los derechos de emisión han caído. Ahora que el gas es más barato, el coste de emitir también se reduce.

Al final, como no es posible un impuesto europeo al dióxido de carbono, se ha optado por trampear con la oferta de derechos. Se retrasan subastas, se crean reservas y se eliminan derechos. Menor oferta, precios más altos. Esta discusión entre impuesto al dióxido de carbono y los derechos de emisión no nos debe hacer olvidar que ambas figuras responden a un mismo enfoque de política económica: penalizar progresivamente las emisiones, con el consiguiente incremento de costes de nuestras empresas. Podría haberse optado por premiar a quien deje de emitir. Es el enfoque seguido por Estados Unidos con la Ley de Reducción de la Inflación o Inflation Reduction Act (IRA), que amplía la brecha entre la competitividad de la industria americana —energía barata y subsidios a la descarbonización— y la de las empresas europeas —energía cara y costes adicionales por emitir—. Costes adicionales que crecen. En los años 2019 y 2020, el precio de los derechos estaba en unos 25 euros por tonelada de dióxido de carbono. Superó los 50 euros en 2021. En 2022 y 2023 se situó por encima de los 80 euros por tonelada. En 2024 ha bajado a unos 60 euros. La previsión es que en los próximos años supere los 100 euros. Las medidas tomadas se encaminan en esa dirección.

El objetivo es que, para reducir las emisiones de la UE un 55 %, los sectores industriales sujetos al sistema de derechos reduzcan sus emisiones un 62 %. La gran dificultad será mantener la competitividad de la industria europea, que pagará por sus emisiones una cantidad más que notable, mientras que nuestros competidores de otros países no tienen coste alguno por emitir dióxido de carbono. No hace falta pensar en China o en la India, países que a todos nos vienen a la cabeza cuando hablamos de competitividad industrial. En la cuenca mediterránea, Turquía o

Marruecos pueden albergar industria desplazada desde Europa. Para evitar este problema, que recibe el nombre de *carbon leakage* o *escape de carbono*, la Unión Europea ha aprobado el llamado Carbon Border Adjustement Mechanism (CBAM) o Mecanismo de Ajuste en Frontera por Carbono (MAFC). Está previsto que entre en vigor a partir de 2026 para algunos sectores: hierro y acero, cemento, aluminio, fertilizantes, hidrógeno y electricidad. No hay concreción sobre la ampliación a otros sectores. El importador de estos bienes deberá adquirir certificados CBAM para igualar costes. El precio de estos certificados no es fácil de calcular con la referencia de un mercado con cotizaciones diarias de los derechos. Tampoco la cantidad de certificados necesarios es un cálculo fácil. Las emisiones de dióxido de carbono producidas en la fabricación de un determinado bien en Europa pueden ser inferiores a las producidas en la fabricación de ese mismo bien en su país de origen. Si se aplican las emisiones medias europeas para calcular el mecanismo de ajuste se beneficia al bien importado. Otra cuestión: los coches chinos son baratos, pero se producen con una electricidad generada en un 60 % con carbón. En España, en 2023, el 73 % de la electricidad generada lo fue sin emisiones. Importar coches chinos significa importar emisiones, las mismas —sólo hay una atmósfera— que nos afanamos en reducir. Estas emisiones indirectas que importamos apenas se mencionan. Tampoco se dice ni una palabra de la devolución en frontera de los costes de dióxido de carbono que incorporan los bienes exportados. La competitividad de la industria europea es bidireccional. Sirve para comprar y para vender.

La realidad es que el MAFC es una victoria parcial de la industria europea que la facción más ecologista de la Comisión Europea intenta convertir en pírrica.

La política europea consiste en encarecer los combustibles fósiles para hacer rentables las inversiones en electrificación. El resultado es elevar el precio de la producción industrial europea. ¿El riesgo? La deslocalización o el cierre definitivo. Si lo que se predica es el decrecimiento económico no hay por qué preocuparse. Consumiremos menos energía y generaremos menos emisiones. Si se cree que el crecimiento económico es la única vía para generar prosperidad y sociedades más justas e iguales, es necesario compaginar la reducción de emisiones y la defensa de nuestra industria.

Es más que difícil articular una defensa de la industria europea a partir del sistema de derechos de emisión que hemos implantado. Queda la solución de establecer, para cada posición arancelaria, para todos los productos que se importan, un impuesto equivalente al coste, en términos europeos, de las emisiones generadas en su fabricación. Los bienes europeos exportados tendrán derecho a la devolución del importe de los derechos de emisión. Además de salvaguardar la industria europea, un sistema como el descrito tiene la potencial virtud de atraer a la mesa de negociación a todos los países que deseen colocar su producción industrial en el mercado europeo. En una negociación multilateral, la fuerza europea es su mercado. Al hablar de la descarbonización industrial, vimos como pocos países y sectores concentran buena parte de las emisiones. Acuerdos sectoriales pueden permitir progresar en la reducción mundial de emisiones sin menoscabar la posición competitiva europea. Nunca serán negociaciones fáciles, pero la posición de partida tiene que estar clara: quien quiera acceder al mercado europeo tendrá que adoptar estándares europeos de reducción de emisiones.

La descarbonización de otros sectores

Se establece un objetivo europeo de reducción de emisiones para 2030 del 40 % en pequeñas industrias, transporte, edificios, agricultura y ganadería y residuos. Este objetivo común se conseguirá a partir de objetivos obligatorios para cada país miembro. España deberá reducir sus emisiones en estos sectores en un 37,7 %. Ya se ha indicado la creación de un sistema de derechos de emisión (ETS) para transporte y edificios, que, al menos hasta 2030, funcionará separado del sistema ETS industrial. Este procedimiento supondrá los correspondientes incrementos de precios. Los derechos deberán aportarlos los operadores que comercialicen estos productos, pero su coste, como cualquier otro coste empresarial, será repercutido a los consumidores. De las iniciativas propuestas por la Comisión en el paquete Objetivo 55 hay una que no ha prosperado. Se trata de la revisión de la fiscalidad energética. El objetivo es que el hecho imponible de los impuestos especiales sobre hidrocarburos no sea, por ejemplo, consumir un litro de gasolina, sino emitir una determinada cantidad de dióxido de carbono a la atmósfera. En otras palabras, convertir la fiscalidad energética en una fiscalidad medioambiental. Cierto es que esta modificación plantearía una cierta redundancia con el sistema ETS, aunque en varios países europeos existe un impuesto al dióxido de carbono que convive con el sistema europeo de derechos de emisión. En todo caso, esta modificación de la fiscalidad no ha progresado en la maraña burocrática de Bruselas. Entre otras, plantea la dificultad de invertir la fiscalidad relativa de la gasolina —que hoy paga más impuestos— y del gasóleo —que hoy paga menos—. El transporte de mercancías, la agricultura y la pesca no aceptarían de buen grado esta modificación.

En Europa, el saldo neto de emisiones entre el dióxido de carbono absorbido por los bosques y las emisiones derivadas de cambios de uso de la tierra es negativo en unos 250 millones de toneladas de dióxido de carbono. La vegetación europea funciona como un sumidero de carbono. El objetivo es ampliar ese saldo negativo hasta 310 millones de toneladas de dióxido de carbono. Hasta 2025, los países miembros están obligados a compensar cada incremento de emisiones producido por cambios en el uso de la tierra a través de la ampliación de la masa forestal. A partir de 2025, este saldo cero deberá transformarse en negativo para poder alcanzar el objetivo europeo.

Esta absorción de emisiones, junto con la reducción del 62 % de emisiones de la industria, más la reducción del 40 % de emisiones procedentes de las industrias no sujetas al ETS y otros sectores no industriales, deberá arrojar como resultado en 2030 la buscada reducción del 55 %.

El Fondo Social para el Clima[35]

Se crea el *Climate Social Fund,* un Fondo Social para el Clima, financiado a través de la venta de derechos de emisión del nuevo ETS que se crea para transporte y edificios. Los países miembros pueden utilizar esos fondos para financiar ayudas que permitan la descarbonización de edificios y de sistemas de movilidad. También para subsidios directos, limitados en tiempo e importe, a personas, microempresas o transportistas que puedan considerarse vulnerables. Se espera que los países miembros dispongan de 65.000 millones de euros en el período 2026-2032 a través de este mecanismo. Estas cifras globales suelen ser engañosas. España, en números redondos, representa el 8 % de la economía europea. Dividido ese importe entre seis años, el resultado son unos 870 millones de euros anuales, que no deja de ser una cantidad significativa.

Tras la creación de este fondo subyace el temor al rechazo social a iniciativas medioambientales que siempre avanzan en la misma dirección: incrementos de precios que lastran la renta disponible de los ciudadanos. Las sombras de los chalecos amarillos franceses o de las protestas masivas de los agricultores europeos son alargadas. El Fondo, en esencia, supone una redistribución de rentas entre consumidores.

Todos pagan y los más vulnerables reciben, eventualmente, una ayuda. Los conceptos de consumidor vulnerable y pobreza energética son conceptos equívocos. Claro que hay pobreza en nuestras sociedades. La pobreza es siempre multidireccional: energética, alimentaria, habitacional y educativa. Son situaciones que se deben atender, pero desde una perspectiva global, sea el ingreso mínimo vital o un impuesto negativo sobre la renta. El Fondo Social para el Clima es un intento de mejorar la aceptabilidad de los incrementos de precios que los derechos de emisión van a suponer para los combustibles fósiles usados en el transporte y la calefacción de edificios.

35. Reglamento UE 2023/955 del Parlamento Europeo y del Consejo de 10 de mayo de 2023 por el que se establece un Fondo Social para el Clima y se modifica el Reglamento (UE) 2021/1060.

Los edificios[36]

A partir de 2028 los nuevos edificios públicos, y a partir de 2030 todos los demás edificios de nueva construcción, deberán ser edificios de emisiones cero. La idea es que el propio edificio sea capaz de generar la energía que consume. Más correcto sería decir de emisiones casi cero. El consumo energético se puede reducir con aislamiento térmico, con un cálculo correcto de las superficies acristaladas y con la orientación del propio edificio. Con paneles solares se puede generar la electricidad necesaria para calefacción, refrigeración, iluminación y electrodomésticos. Generación y consumo deben ser magnitudes equivalentes.

Los edificios existentes deberán reducir sus consumos. Si se trata de edificios comerciales y administrativos, su consumo en 2030 deberá ser inferior al consumo medio del 16 % de los edificios con mayor consumo por metro cuadrado. En 2033, el consumo medio deberá ser inferior al del 26 % de los edificios con mayor consumo. Los edificios destinados a vivienda deberán reducir su consumo de energía un 16 %. Ese porcentaje se incrementará al 20-22 % en 2035.

Lógicamente hay excepciones previstas para edificios históricos, instalaciones militares, edificios aislados de poca superficie o instalaciones agrarias no habitadas. Esta normativa se complementa con la obligatoriedad, entre 2027 y 2031, de la instalación de paneles solares en todos los nuevos edificios y en los edificios existentes de más de 250 metros cuadrados de superficie útil.

El transporte por carretera[37]

La política tradicional de la UE operaba en dos direcciones. La primera era reducir todo tipo de emisiones contaminantes a tra-

36. Directiva UE 2024/1275 del Parlamento Europeo y del Consejo, de 24 de abril de 2024, relativa a la eficiencia energética de los edificios (refundición).

37. El Reglamento UE 2024/1257 aprueba la normativa Euro 7 (Reglamento [UE] 2024/1257 del Parlamento Europeo y del Consejo, de 24 de abril

vés de sucesivas normativas conocidas como Euro, que debían cumplir los coches antes de su comercialización. La Euro 1 entró en vigor en 1992, la Euro 6 en 2017 y, finalmente la Euro 7, aprobada este año 2024, que para vehículos ligeros entrará en vigor a finales de 2026. Estas normativas no se refieren únicamente a dióxido de carbono, sino también a cualquier otro tipo de contaminante emitido por los escapes de los coches como monóxido de carbono, óxidos nitrosos o partículas (PM).

Para acreditar el cumplimiento de estos requisitos se contaba con un tipo de ensayos predefinidos que ha sido necesario ir también modificando para adaptarlos a las condiciones reales de conducción de los coches. Este cambio de ensayos fue provocado por lo que se acabó conociendo como el *dieselgate* de Volkswagen. Una universidad norteamericana acreditó que las emisiones de un modelo de esta marca eran muy superiores a los publicitados.

La segunda línea de actuación era fijar para cada marca de vehículos unas emisiones medias de dióxido de carbono por kilómetro recorrido. Estas emisiones medias eran de 120 gramos por kilómetro en 2015 y desde 2020, de 95 gramos. Esta normativa fue la razón de que marcas especializadas en la venta de coches de alta gama empezaran a comercializar, ya hace años, series de

---

de 2024, relativo a la homologación del tipo de los vehículos de motor y los motores y de los sistemas, componentes y unidades técnicas independientes destinados a esos vehículos en lo que respecta a sus emisiones y a la durabilidad de las baterías [Euro 7], por el que se modifica el Reglamento [UE] 2018/858 del Parlamento Europeo y del Consejo y por el que se derogan los Reglamentos [CE] n.º 715/2007 y [CE] n.º 595/2009 del Parlamento Europeo y del Consejo, el Reglamento [UE] n.º 582/2011 de la Comisión, el Reglamento [UE] 2017/1151 de la Comisión, el Reglamento [UE] 2017/2400 de la Comisión y el Reglamento de Ejecución [UE] 2022/1362 de la Comisión).

El Reglamento UE 2023/851 (citado en el texto) aprueba las emisiones medias de dióxido de carbono para los vehículos que se matriculen en Europa (Reglamento [UE] 2023/851 del Parlamento Europeo y del Consejo de 19 de abril de 2023 por el que se modifica el Reglamento [UE] 2019/631 en lo que respecta al refuerzo de las normas de comportamiento en materia de emisiones de CO_2 de los turismos nuevos y de los vehículos comerciales ligeros nuevos, en consonancia con la mayor ambición climática de la Unión).

cilindradas inferiores y, por tanto, de menores emisiones específicas, que permitían que la media de las emisiones de los coches matriculados de esa marca cumpliera el límite europeo. A esta normativa se le ha dado una vuelta de tuerca con motivo del Objetivo 55. A partir de 2025 las emisiones medias deberán ser de 81 gramos, en 2030, de 47,5 gramos y en 2035, de 0 gramos por kilómetro. Después de 2035, los coches que se matriculen en Europa no podrán emitir dióxido de carbono. Esta senda de reducción acelerada hasta la desaparición de las emisiones de dióxido de carbono abre el camino para el vehículo eléctrico.

A última hora, Alemania forzó que se abriera una puerta a la matriculación de coches con motores de combustión interna. En el reglamento 2023/851,[38] que establecía los nuevos objetivos de emisiones de dióxido de carbono, se introdujo el siguiente texto:

> Previa consulta con las partes interesadas, la Comisión va a presentar una propuesta relativa a la matriculación, después de 2035, de vehículos que funcionen exclusivamente con combustibles neutros en dióxido de carbono de conformidad con el Derecho de la Unión, fuera del ámbito de aplicación de las normas sobre el parque de vehículos y conforme al objetivo de neutralidad climática de la Unión.

No será fácil. Para empezar, habrá que concretar las tres condiciones que el texto establece. Para terminar, habrá que aprender a distinguir un combustible neutro en dióxido de carbono de otro que no lo es. Las moléculas son las mismas.

Las compañías que no cumplan con las cero emisiones en 2035, o que sobrepasen los límites en los períodos intermedios, tendrán que hacer frente al pago de una multa cuyo importe sería de 95 euros por cada gramo por kilómetro de exceso, multiplicado por el número de vehículos matriculados en el año. En 2023, Volkswagen vendió en Europa unos 3,8 millones de vehículos. Si la media de emisiones superara en 1 gramo por kiló-

38. Ibídem.

metro, el límite establecido tendría que hacer frente a una multa de unos 360 millones de euros.

La modesta victoria de la industria europea del automóvil ha sido conseguir reducir la ambición de la nueva regulación Euro 7. Si la apuesta tiene que ser por el coche eléctrico, no se justifican inversiones adicionales en la mejora de los motores de combustión. Euro 7 cambia poco sobre la existente Euro 6. Para coches y furgonetas, básicamente, se mantiene la misma norma, aunque se introduce un mayor rigor en cuanto a la emisión de partículas. Para vehículos pesados se introducen limitaciones más estrictas para varios contaminantes, incluidos los óxidos nitrosos. Otra novedad de la Euro 7 es la regulación de la emisión de partículas procedentes de frenos y neumáticos, así como, por vez primera en la historia de la normativa europea, abre la puerta al vehículo eléctrico al establecer regulaciones sobre la duración dc la batería.

Hace muchos años, la industria europea del automóvil apostó por los motores diésel, tecnología en la que era más competitiva que norteamericanos y japoneses. Apoyada por el diferente tratamiento fiscal, que beneficiaba al gasóleo frente a la gasolina, y por los avances tecnológicos de este tipo de motores, los coches diésel alcanzaron cotas de matriculación en algunos países europeos del orden del 70 %. La competencia exterior vio limitado su acceso al mercado europeo. Hoy, de la mano de la reducción de emisiones, apostamos por el coche eléctrico, tecnología en la que carecemos de cualquier ventaja competitiva. No tenemos fábricas de baterías. No controlamos el acceso ni el refino de minerales como el litio, el cobalto, el níquel o el grafito, necesarios para su fabricación. China lleva años preparándose para liderar esta industria. Su ventaja, en términos de costes, es inmensa. Es una ventaja que ha construido gracias al soporte estatal. Sus empresas y sus ciudadanos han disfrutado durante años de subsidios para el desarrollo del coche eléctrico. España es el segundo productor europeo y noveno del mundo de vehículos. Nos jugamos mucho en el envite.

Completa la normativa europea sobre el transporte por carretera la obligatoriedad de contar con un número suficiente de puntos de recarga eléctricos, de hidrógeno y de gas natural líquido en las principales carreteras y nudos de circulación de las ciudades.[39] Así como la apuesta europea por el coche eléctrico es rotunda, para los vehículos pesados se mantienen opciones abiertas. El hidrógeno ofrece mayor autonomía que las baterías, cuyo peso, ya hemos apuntado, puede limitar la capacidad de transporte de mercancías. El gas es una opción transitoria hasta que el mercado se vaya decantando por cualquiera de las otras dos.

El transporte aéreo y marítimo[40]

Se establecen normas específicas para combustibles de aviación que obligan a la utilización, en porcentajes crecientes, entre un 2 % en 2025 y un 70 % en 2050, de los combustibles SAF. Cualquiera de las vías disponibles de fabricación de este tipo de combustible, sea la hidrogenación de ácidos grasos, la gasificación de materia orgánica, la fabricación a partir de alcoholes o los combustibles sintéticos, suponen unos costes varias veces superiores a los de producción del tradicional keroseno de aviación.

De nuevo se plantea el problema de la competitividad, que, además, se agrava por la aplicación del sistema ETS a los vuelos internos europeos. Volar de Alemania a Baleares será más caro que volar a Turquía. No es una buena noticia para un país como España, cuya primera industria es el turismo.

39. Reglamento UE 2023/1804 del Parlamento Europeo y del Consejo de 13 de septiembre de 2023 relativo a la implantación de una infraestructura para los combustibles alternativos y por el que se deroga la Directiva 2014/94/UE.

40. Reglamento (UE) 2023/1805 del Parlamento Europeo y del Consejo de 13 de septiembre de 2023 relativo al uso de combustibles renovables y combustibles hipocarbónicos en el transporte marítimo y por el que se modifica la Directiva 2009/16/CE y Reglamento (UE) 2023/2405 del Parlamento Europeo y del Consejo, de 18 de octubre de 2023, relativo a la garantía de unas condiciones de competencia equitativas para un transporte aéreo sostenible (ReFuelEU Aviation).

También se regulan los combustibles marítimos, aunque, en este caso, la nueva normativa establece, en lugar del uso de un determinado tipo de combustibles, un porcentaje creciente de reducción de la intensidad en carbono de los combustibles utilizados. Desde un 2 % en 2025 a un 80 % en 2050. El metanol sintético o el amoníaco son, con sus ventajas e inconvenientes, los dos principales candidatos a sustituir a los combustibles de origen fósil. La norma se aplica a todos los buques de más de 5.000 toneladas de registro bruto que atraquen en puertos europeos. Una vez más, el problema es la competencia. Los puertos europeos donde atracan los grandes portacontenedores pueden verse desplazados por puertos en Serbia o Turquía, donde no se requiere un combustible más caro ni las empresas están sujetas al ETS.

La nueva normativa establece también la obligatoriedad de contar en los puertos con puntos de recarga eléctricos, de forma que los barcos atracados consuman electricidad y no combustibles fósiles. Es especialmente importante en puertos de grandes ciudades donde atracan cruceros, cuyas emisiones tienen una notable incidencia en la contaminación urbana.

Las emisiones de metano[41]

El metano es un gas de efecto invernadero cuya capacidad de calentar la atmósfera es muy superior a la del dióxido de carbono. En concreto, en un plazo de 20 años es 84 veces superior. A efectos del cálculo de dióxido de carbono equivalente, el multiplicador que se toma es 28, porque la comparación se efectúa sobre períodos de 100 años. Se calcula que en unos 200 años el metano habrá desaparecido de la atmósfera, pero, en cambio, el dióxido de carbono permanece durante siglos. En la necesidad de reducir el calentamiento global para limitarlo a los 1,5-2 °C dentro de

41. Reglamento (UE) 2024/1787 del Parlamento Europeo y del Consejo, de 13 de junio de 2024, relativo a la reducción de las emisiones de metano en el sector energético y por el que se modifica el Reglamento (UE) 2019/942.

este siglo, disminuir las emisiones de metano, con su notoria incidencia a corto plazo, es un objetivo importante. En las COP más recientes se han alcanzado acuerdos específicos para reducir las emisiones de este gas.

La norma europea contempla la creación de un sistema de monitoreo, información e inspección de las emisiones de metano relacionadas con los combustibles fósiles. Este sistema de información se pondrá en práctica también en las importaciones de combustibles fósiles a la UE a partir del 1 de enero de 2027. Esta aplicación a las importaciones tiene correlación con la moratoria impuesta por el presidente Biden a la autorización de nuevas plantas de licuefacción para abastecer con gas estadounidense el mercado mundial y, por supuesto, el europeo.

La justificación de la moratoria son las emisiones de metano de todo el ciclo de producción, transporte y licuefacción del gas natural. Disponer de esa información en Europa permitirá asignar correctamente los derechos de emisión necesarios para poder consumir gas natural en Europa. Se trata de penalizar el gas natural, que algunos preconizan como energía de transición, para disgusto del ecologismo clásico. Los principales orígenes de las importaciones españolas de gas natural licuado españolas son Estados Unidos, Rusia, Nigeria y Argelia. Parece dudoso que contemos con una información fidedigna, aunque bien está intentarlo. Lo difícil será iniciar alguna acción coactiva ante la falta de información. Nos quedaremos sin gas.

Esta monitorización de las emisiones de metano se refiere, en exclusiva, a las emisiones relacionadas con los combustibles fósiles. Tanto al ciclo de regasificación y transporte del gas natural como a las emisiones de refinerías e incluso a las procedentes de minas de carbón cerradas. Gracias a la presión ecologista, se ha conseguido que al hablar de metano se piense de inmediato en las ventosidades del ganado vacuno. Comparativamente irrelevantes frente a las derivadas de los combustibles fósiles.

Los gases renovables[42]

Se consideran gases renovables el biogás y el biometano —aunque su origen sea materia orgánica y generen emisiones—, el hidrógeno verde y el metano sintético o e-metano, fabricado con dióxido de carbono capturado del aire e hidrógeno verde. Este tipo de gases suponen hoy un 5 % del consumo de gas en Europa. La idea es que en 2050 supongan el 66 %.

En un esfuerzo adicional por reducir la dependencia del gas natural, se fija el objetivo de que la producción de biometano alcance en 2030 los 35.000 millones de metros cúbicos.

El hidrógeno verde merece, en la normativa europea, un capítulo especial. El objetivo es que en 2030 existan en suelo europeo 40 gigavatios de electrolizadores y se produzcan 10 millones de toneladas. Se establecen reglas para el desarrollo de un mercado competitivo del hidrógeno y se auspicia la creación de una red europea de operadores de redes de hidrógeno, del mismo modo que existen en las redes de gas natural y de electricidad.

El coste del biometano se sitúa en estos momentos en unos 80 euros por megavatio hora. Compite con un gas natural cuyo precio se sitúa en unos 30 euros. Empresas industriales están considerando usar biometano como fórmula temporal para avanzar en sus procesos de descarbonización. El coste futuro del hidrógeno es una incógnita. Depende de las mejoras técnicas de los electrolizadores y de sus horas de utilización, del precio de la electricidad y de los costes de transporte.

La nueva regulación de gases renovables fija 2049 como fecha final de vigencia de cualquier contrato a largo plazo de com-

42. Reglamento del Parlamento Europeo y del Consejo relativo a los mercados interiores del gas renovable, del gas natural y del hidrógeno y por el que se modifican los Reglamentos (UE) n.º 1227/2011, (UE) 2017/1938, (UE) 2019/942 y (UE) 2022/869 y la Decisión (UE) 2017/684 y se deroga el Reglamento (CE) n.º 715/2009 (versión refundida) y Directiva del Parlamento Europeo y del Consejo relativa a normas comunes para los mercados interiores del gas renovable, del gas natural y del hidrógeno, por la que se modifica la Directiva (UE) 2023/1791 y se deroga la Directiva 2009/73/CE (versión refundida).

pra de gas natural. Catar aceptó que Alemania firmara un contrato por quince años, pero no cabe duda de que prefiere los veintisiete años de duración del contrato con China.

La directiva de renovables[43]

Los dos paquetes de normativas europeas, Objetivo 55 y REPower EU, refuerzan la ambición en el despliegue de energías renovables. El objetivo de conseguir que un 32 % del consumo de energía sea renovable en 2030 se sustituye por el de alcanzar ese año un 42,5 % e intentar llegar al 45 %. Además, se establecen una serie de objetivos sectoriales:

- Para edificios se fija un objetivo indicativo del 49 %. Los sistemas de calefacción y refrigeración deben incrementar la aportación renovable un 0,8 % anual entre 2021 y 2025 y un 1,1 % anual entre 2026 y 2030.
- La industria debe incrementar su consumo de energía renovable un 1,6 % acumulativo anual entre 2021 y 2030.
- La energía renovable debe suponer el 29 % del consumo de energía en el transporte en 2030. De este 29 %, al menos un 5,5 % deben ser biocombustibles avanzados o RFNBO, cuyo contenido mínimo, en todo caso, deberá ser del 1 %.
- Para el cumplimiento de todos estos objetivos se tendrá en cuenta la participación de la electricidad renovable en el conjunto de la generación de electricidad de cada país miembro.
- El 42 % del hidrógeno industrial debe ser verde en 2030 y el 60 % en 2035.

43. Directiva 2023/2413 del Parlamento Europeo y del Consejo, de 18 de octubre de 2023, por la que se modifican la Directiva (UE) 2018/2001, el Reglamento (UE) 2018/1999 y la Directiva 98/70/CE en lo que respecta a la promoción de la energía procedente de fuentes renovables y se deroga la Directiva (UE) 2015/652 del Consejo.

La directiva supone una apuesta decidida por el hidrógeno verde. En España se consumen al año unas 500.000 toneladas de hidrógeno, producidas todas a partir de gas natural. Se utilizan en refinerías de petróleo y en la producción de productos químicos, entre ellos fertilizantes. En seis años, más de 200.000 deberán producirse a partir de la electrolisis de agua, debiendo proceder la electricidad de fuentes renovables. Hoy en día, el coste del hidrógeno verde triplica el coste del hidrógeno procedente del reformado de gas natural. La pérdida de competitividad de la industria que utilice este hidrógeno será inevitable.

El hidrógeno verde es, por definición, un combustible renovable de origen no biológico (RFNBO). También lo son todos los combustibles fabricados con hidrógeno verde y dióxido de carbono capturado del aire. Si se hace abstracción de su coste y se consideran los combustibles del futuro, se entiende mejor la pretensión alemana de no prohibir la matriculación de coches equipados con motores de combustión interna.

La eficiencia energética[44]

En julio de 2023, se adoptó la nueva directiva de eficiencia energética. La idea básica es, como en otros aspectos, incrementar el esfuerzo previsto. En la regulación anterior, el objetivo era que en 2030 el consumo, tanto de energía primaria como de energía final, se redujeran un 32,5 % respecto a la previsión que en 2007 se efectuó para 2030. Manteniendo dicha metodología, la nueva meta, obligatoria para los países miembros, es que el consumo de energía final se reduzca un 38 % respecto a la previsión de 2007. Se fija también una reducción, en este caso indicativa, para el consumo de energía primaria, del 40,6 %. La nueva directiva establece una senda de ahorro en el consumo de energía

44. Directiva 2023/1791 del Parlamento Europeo y del Consejo de 13 de septiembre de 2023 relativa a la eficiencia energética y por la que se modifica el Reglamento (UE) 2023/955 (versión refundida).

final de cada país miembro entre 2024 y 2030, que empieza con un 1,5 % anual y termina con un 1,9 %. Como resultado, se fija el consumo de energía final de la UE en 2030 en 763.000 millones de toneladas equivalentes de petróleo.

Reducir el consumo de energía es fácil. Si un país pierde población y PIB, su consumo de energía se reduce. La variable relevante no es el consumo de energía final, sino la intensidad energética, la cantidad de energía necesaria por unidad de PIB. Ésta, a su vez, varía en función de la estructura sectorial de la economía y de la eficiencia energética de cada sector. La inteligencia artificial requiere un consumo intensivo de electricidad. No tiene sentido renunciar a la instalación de centros de procesamiento de datos porque incrementen el consumo de energía final. La instalación de captura de dióxido de carbono multiplica el consumo de electricidad de una planta industrial. La recuperación del peso relativo del sector industrial en la economía europea supondrá un mayor consumo de energía.

Además de fijar un tope al consumo final de energía, el otro criterio de medida de la eficiencia energética es la reducción del consumo de energía respecto a una previsión efectuada en 2007, antes de la crisis financiera, de la pandemia y de la guerra de Ucrania. Tras la crisis derivada del corte de casi todo el suministro de gas ruso por tubería a Europa, los precios de gas se han moderado hasta recuperar una nueva normalidad, aunque a un nivel superior al previo a la invasión rusa de Ucrania. Esta recuperación ha sido posible por el suministro creciente de gas de Estados Unidos y por la reducción de la demanda. Esta última se ha debido a inviernos más suaves, al crecimiento de la generación eléctrica renovable y a la reducción de la demanda industrial, de la que una buena parte no parece recuperable. Ha migrado a geografías donde el precio de la energía es inferior. No obstante, según la metodología europea, somos más eficientes. El objetivo era reducir el consumo de energía en 2030 un 32,5 % respecto a la previsión tendencial efectuada en 2007. En 2022 ya habíamos alcanzado un 29 %. Objetivo prácticamente conseguido con años de adelanto. Así que nada mejor que incrementarlo hasta el 38 %. Es un objetivo que nada dice respecto a la intensidad energética europea ni respecto a la eficiencia energética de nuestros sectores productivos.

Balance final. Otra política posible

La política europea de reducción de emisiones está construida desde el determinismo. En un entorno tecnológicamente complejo, establece la dirección a seguir, sin apenas conceder margen de maniobra. Es una política carente de una aproximación económica sensata, que puede conducir a las sociedades europeas a un callejón sin salida. En las páginas iniciales de este libro se ha dicho que, en materia energética, los ingenieros tienden a olvidar las restricciones económicas, los economistas las restricciones técnicas y los ecologistas pasan por alto tanto las restricciones técnicas como las económicas. La política europea de reducción de emisiones está hecha por ecologistas.

La neutralidad tecnológica es indispensable. Dos tecnologías existentes, pero apenas desarrolladas, son los electrolizadores y la captura de dióxido de carbono. Ambas convergen en la producción de hidrógeno. En principio, es siempre mejor la electrolisis. Las emisiones son cero y se evitan todas las emisiones de la producción y transporte del gas natural. Pero un coste del hidrógeno competitivo requiere una reducción del coste de los electrolizadores que no sabemos si se va a producir o no. Requiere un mínimo de 4.000 horas año de suministro eléctrico renovable a un precio en torno a 20 euros por megavatio hora que, hoy por hoy, en Europa, no es realista. Para producir hidrógeno a partir de gas natural se está investigando en la tecnología de la pirolisis, proceso habitual en las refinerías, que podría solidificar el dióxido de carbono resultante del proceso, con lo que no habría emisiones a la atmósfera. Los costes de la captura de dióxido de carbono, del mismo modo que se espera con los electrolizadores, pueden experimentar una reducción importante. Además, existe la posibilidad de utilizar electricidad nuclear, libre de emisiones de dióxido de carbono, para producir hidrógeno por electrolisis. Una planta nuclear puede garantizar hasta 8.000 horas de funcionamiento anual. Desde un punto de vista de neutralidad tecnológica, lo adecuado sería hablar, en toda la normativa, de hidrógeno de bajas emisiones y no exclusivamente de hidrógeno verde.

Una de las convicciones tecnológicas sobre las que se apoya la normativa europea es que la curva de aprendizaje de los paneles fotovoltaicos es repetible en todas las tecnologías relacionadas con la reducción de emisiones. En veinte años, los paneles han reducido su coste un 80 %. No hay ninguna certeza de que con las baterías o los electrolizadores vaya a pasar lo mismo. Es posible y deseable que así sea. Las baterías, de hecho, mantienen una línea descendente de su coste bastante parecida a la de los paneles. El tiempo lo dirá. No obstante, hay algunas cuestiones que pueden alterar la ecuación. Los paneles se hacen con silicio, uno de los elementos más abundantes en la naturaleza. Las baterías necesitan todo tipo de metales, desde el litio al cobalto, el níquel o el grafito. En 2022, las baterías subieron de precio debido al coste del litio. Los electrolizadores funcionan con platino y paladio o iridio, metales aún más escasos y caros. Los paneles han reducido su coste, pero apenas han mejorado su rendimiento. Apenas un 20-24 % de la energía que reciben del sol la transforman en electricidad. El reto tecnológico de los electrolizadores y baterías es, sobre todo, mejorar su rendimiento. Con recursos suficientes es seguro que se conseguirá, pero será cuestión de tiempo, un tiempo que la normativa europea no concede.

La normativa empuja a la economía europea hacia una pérdida de competitividad. En el horizonte temporal de este siglo, para países desarrollados, el problema del calentamiento global son las pérdidas económicas que acarrea. No se puede dejar de tener en consideración el impacto económico de la reducción de emisiones. Para evitar pérdidas económicas no se debe incurrir en pérdidas iguales o incluso mayores. El ajuste en frontera para las importaciones de productos procedentes de países que no mantienen una política de reducción de emisiones similar a la europea tiene que ser riguroso, no un apaño para que salgan del paso algunos sectores de consumo energético intensivo.

Todas las medidas deberían estar respaldadas por un balance coste-beneficio en términos de reducción de emisiones. El caso más evidente son los edificios. Se calcula que el 75 % de los edificios de la Unión Europea son ineficientes energéticamente. La norma prevé que para 2050 todos los edificios en su territorio serán edificios de cero emisiones. El coste de semejante transformación es astronómico. Si para 2050 toda la electricidad producida va a generar cero emisiones y todos los usos energéticos van a estar electrificados, la rentabilidad en términos de reducción de emisiones de toda la inversión en adaptar y aislar edificios será, sencillamente, nula.

La normativa europea debería también ser más flexible. Todo sistema eléctrico requiere una aportación de energía firme y flexible que no pueden proporcionar las renovables. Un país que genera más del 90 o 95 % de su electricidad libre de emisiones y cuyo saldo de emisiones derivadas de los cambios de uso de la tierra y de la absorción por la masa forestal es negativo en un importe igual o superior a las emisiones remanentes de su sistema eléctrico, debería poder considerar toda su electricidad libre de emisiones. Cualquier consumo de electricidad conectado a la red sería libre de emisiones, ya fuese para usos doméstico o industrial o para fabricar hidrógeno. Simplificaría la contratación de electricidad con la consiguiente reducción de costes y ampliaría las opciones de ubicación de cualquier actividad industrial.

Es posible que Europa llegue a la neutralidad de sus emisiones en 2050. Lo que parece más difícil es el cumplimiento de los objetivos previstos para 2030. La matriculación de coches eléctricos no va al ritmo previsto, por no hablar del desarrollo de las redes de recarga. El desarrollo de nuevas líneas eléctricas o la ampliación de las existentes constituyen una pesadilla burocrática y, en el caso de algunos países, como España, depende de una planificación centralizada, rígida e inadecuada para la electrificación de una economía. Un hidrógeno competitivo es, de momento, una entelequia. La fabricación de combustibles alternativos no tiene secretos técnicos, pero su coste es varias veces superior al de los combustibles tradicionales, y nadie, salvo que esté obligado, está dispuesto a pagar la diferencia. Y, si la paga, tendrá problemas para competir en la escena internacional.

La neutralidad de emisiones para 2050 es más factible, porque el despliegue de nuevas tecnologías nunca es lineal. Si una tecnología logra ser más competitiva que las existentes, su crecimiento pasa a ser exponencial. Si los coches eléctricos reducen su precio, se facilita y se acorta el tiempo de recarga y ganan en autonomía, liderarán el mercado. Lo que no sabemos es si eso ocurrirá en 2035. Convertir los objetivos intermedios de la UE en indicativos o, al menos, condicionarlos a revisiones sucesivas, sería una decisión inteligente.

4

El dinero

El coste de la transición energética. Mitigación, adaptación y pérdidas y daños

La transición energética hacia un mundo sin emisiones de dióxido de carbono es un inmenso ejercicio de inversión. Los ciudadanos particulares tendremos que invertir en cambiar de coche, cambiar de sistema de calefacción y refrigeración, aislar nuestra vivienda y renovar todos o parte de nuestros electrodomésticos. Las empresas de transporte deberán renovar sus flotas. Las empresas eléctricas deberán invertir en renovar el parque de generación y en reforzar la estructura de la red de transporte y de distribución de electricidad. La producción eléctrica renovable ha hecho desaparecer las barreras de entrada al mercado eléctrico y ha atraído importantes volúmenes de financiación, pero aún se necesita un esfuerzo adicional. Las tradicionales empresas energéticas están abocadas a la sustitución progresiva de su materia prima, a su diversificación y a la adecuación de su oferta productiva a una demanda menguante; pero han de seguir invirtiendo en sus actividades tradicionales, que mantienen a nuestras sociedades en funcionamiento. Las empresas industriales tendrán que invertir para modificar sus procesos productivos. El sector inmobiliario tendrá, en fin, que adecuar el parque de edificios en su poder.

No es fácil calcular el volumen de la inversión necesaria para acometer estos cambios. Existen estudios que permiten fijar alguna cifra como referencia. McKinsey ha realizado una aproximación a partir del escenario Net Zero 2050 elaborado por Network for Greening the Financial System (NGFS).[45] Su conclusión es que el coste sería de 276 billones (trillones americanos) de dólares. El coste medio anual sería de 9,2 billones. El análisis parte de la situación existente en 2020, año en el que en el mundo se invirtieron 5,7 billones en activos energéticos. De estos 5,7 billones, unos 3,7 billones se destinaron a activos de altas emisiones, mientras que 2 billones se destinaron a inversiones de bajas emisiones. La conclusión de McKinsey es que la inversión anual tiene que aumentar en 3,5 billones hasta alcanzar los 9,2. Estos 9,2 billones se repartirían entre activos de altas emisiones —unos 2,7 billones— y activos de bajas emisiones —6,5 billones—. En resumen, las inversiones en activos de bajas emisiones tienen que alcanzar un nivel de crucero de 6,5 billones anuales, 4,5 por encima del nivel actual.[46]

El mundo necesita seguir invirtiendo en exploración y producción de petróleo y gas, al igual que en refinerías o en producción de electricidad a partir de combustibles fósiles. El hidrógeno, se produzca como se produzca, sigue siendo indispensable para la producción de fertilizantes. El mundo no se puede parar. El propio concepto de transición supone una gradualidad que hace imprescindible seguir invirtiendo en lo viejo antes de disponer de un sistema energético descarbonizado. No puede considerarse que el coste de la transición se debe calcular sólo a partir de la inversión en activos sin emisiones. En economías emergentes, lo que se necesita es energía, sea cual sea su origen.

45. Network for Greening the Financial System es un grupo de bancos centrales y supervisores creado para compartir mejores prácticas en el desarrollo de la gestión del riesgo medioambiental en el negocio financiero y canalizar recursos financieros para apoyar la transición hacia una economía sostenible.

46. McKinsey Global Institute, «The Net Zero Transition. What it would cost, what it could bring», enero de 2022, <https://www.mckinsey.com/capabilities/sustainability/our-insights/the-net-zero-transition-what-it-would-cost-what-it-could-bring>.

El cálculo de McKinsey supone que, anualmente, el mundo debe invertir en activos energéticos un 8 % del PIB mundial, casi 4 puntos por encima del nivel actual de inversión. Traducir estas cifras a la situación española sólo puede hacerse por inferencia.

Si la economía española representa el 1,3 % del PIB mundial y, como ocurre en economías desarrolladas, el sector energético con emisiones está ya suficientemente desarrollado, tendríamos que invertir en energía sin emisiones, cada año, el 1,3 % de 6,5 billones, es decir, unos 86.000 millones de euros anuales.

El espectro de estas inversiones es amplio: producción de hidrógeno y su infraestructura de transporte y distribución; todo tipo de generación eléctrica renovable, mantenimiento de centrales nucleares existentes; almacenamiento de electricidad; descarbonización de la industria; captura de carbono procedente de la producción de hidrógeno, de generación eléctrica y de emisiones industriales. Se añaden vehículos de bajas emisiones e infraestructura de recarga; aislamiento térmico de edificios y electrificación de sus usos energéticos; prácticas agrícolas más eficientes en términos de emisiones.

Los 86.000 millones de euros equivalen al 6 % de nuestro PIB. Ése sería el esfuerzo anual que deberíamos dedicar a invertir en un sistema energético libre de emisiones. También es cierto que ya estamos invirtiendo en transición energética. Por analogía con el análisis global de McKinsey, nuestro esfuerzo adicional sobre la inversión que ya estamos llevando a cabo sería de unos 60.000 millones, un 4 % del PIB. Otra forma, quizás más precisa de valorar el esfuerzo pendiente, es sumar la inversión en vivienda, otros edificios y maquinaria y bienes de equipo y añadirle el gasto en consumo duradero de los hogares. Estos capítulos incluyen desde la compra de coches o electrodomésticos hasta el aislamiento térmico de edificios o la inversión industrial en electrificación. En la contabilidad nacional de 2022, la suma de los factores citados asciende a unos 280.000 millones, que deberían incrementarse hasta los 340.000 millones, algo más de un 20 %. Cada año que no se alcance esta cifra, el déficit se acumularía como inversión pendiente para ejercicios sucesivos.

Otro estudio sobre el coste de la transición energética en el mundo es el desarrollado por Bloomberg NEF. En su «New Energy Outlook 2024»[47] presenta dos escenarios diferentes: el primero, similar al de McKinsey, calcula el coste de inversión para alcanzar emisiones netas cero en 2050. Su estimación es de 215 billones de dólares, inferior a los 276 billones de McKinsey. El segundo escenario lo denominan «transición económica». Asumen que la inversión se centra en aquellas tecnologías que son rentables. La comparación es ilustrativa (tabla 4.1):

Tabla 4.1

	ESCENARIO DE EMISIONES NETAS CERO	ESCENARIO DE TRANSICIÓN ECONÓMICA
Vehículos eléctricos	120,1	76,3
Vehículos de combustión interna	8,6	48,9
Renovables	22,7	9,6
Redes eléctricas	24,1	14,9
Almacenamiento de energía	4,2	2,6
Nuclear	3,3	0,8
Hidrógeno	3,3	0,3
Bomba de calor	2,9	0,6
Captura de carbono	6,8	0,9
Industria limpia	4,1	0,4
Industria convencional	0,3	1,2
Combustibles fósiles	14,7	25,3
TOTAL	**215,1**	**181,8**

Unidad: Billones de dólares (trillones americanos).
Fuente: BloombergNEF.

47. Farhat, Eamon; y Rathi, Akshat, «Net Zero by 2050 Still Possible? Yes, But It'll Cost 19 % More», Bloomberg, 21 de mayo de 2024, <https://www.bloomberg.com/news/articles/2024-05-21/key-takeaways-from-bloombergnef-s-new-energy-outlook>.

La inversión en vehículos es muy parecida en ambos escenarios. Cambia la estructura. En un escenario donde prima la rentabilidad económica, los vehículos equipados con motores de combustión interna suponen el 40 % de la inversión prevista. En el escenario donde prima la reducción de emisiones, ese porcentaje se reduce al 7 %.

Las inversiones en renovables, redes y almacenamiento de electricidad son un 90 % más altas en un escenario de emisiones netas cero en 2050. Quizás lo más llamativo sea que las inversiones en tecnologías más propias de la transición energética, como hidrógeno, captura de carbono o bombas de calor son más de siete veces superiores en un escenario sin emisiones que en un escenario donde la rentabilidad económica es la variable más relevante. También es notable la inversión en combustibles fósiles. Al igual que en el análisis de McKinsey, el criterio es mantener el mundo funcionando. Incluso en el escenario de emisiones cero, las inversiones en combustibles fósiles superan a las inversiones totales en las tecnologías más inherentes a la transición, como el hidrógeno, la captura de carbono y las bombas de calor.

Calcular el coste total de la transición energética supone sumar a los costes de inversión la variación inducida en los costes de operación. Si una inversión tiene como resultado una reducción de costes, al monto de la inversión debería contraponerse la corriente positiva derivada de la reducción de costes. Si se comparan ambos flujos de fondos y se actualizan a un determinado tipo de interés puede, incluso, que el resultado sea positivo, que invertir para reducir emisiones sea rentable. El problema es cuando, además de invertir para sustituir la fuente de energía habitual por una que no genere emisiones, la nueva fuente de energía resulta más cara que la anterior. El coste de la transición energética es, en este caso, la suma de ambos flujos de fondos, ambos de carácter negativo.

Una idea general de los costes operativos de la transición puede partir de las siguientes premisas:

- El coste de la electricidad en un sistema eléctrico descarbonizado es inferior al de los sistemas eléctricos tradicionales. La electricidad renovable es más barata que la producida a partir de combustibles fósiles.

- De entrada, la sustitución de petróleo, gas o carbón por electricidad supone mayores costes operativos. Sin embargo, la mayor eficiencia de un motor eléctrico frente a un motor de combustión interna o de una bomba de calor frente a una caldera de gas puede invertir el resultado. Si se necesita una menor cantidad de energía para obtener el mismo calor o movimiento, es posible consumir una energía más cara y obtener un ahorro. La carga fiscal de los combustibles fósiles y de la electricidad también será una variable relevante, a través de la que los gobiernos pueden inclinar la balanza a favor de la electricidad.
- El hidrógeno, los biocombustibles avanzados o los e-combustibles son más caros que la electricidad y varias veces más caros que los combustibles tradicionales. Aunque se espera que sus costes disminuyan con el tiempo, no se espera que lleguen a los niveles actuales de precio de los combustibles fósiles.

El cálculo de los costes operativos de la transición energética no es sencillo. Para empezar, sería necesario establecer hipótesis sobre la evolución futura de los precios de las diferentes energías. Lo acertado de los resultados dependería de la bondad de las hipótesis y se obtendrían tantos resultados como hipótesis. Lo que sí cabe es considerar, como regla general y como objetivo, que cuanto más bajos sean los precios de la electricidad menores serán los costes de la transición. Para todos los consumos electrificados es una obviedad. Para todo el proceso de sustitución de combustibles fósiles por electricidad, mejora la rentabilidad de las inversiones necesarias. Para todos aquellos consumos que necesitarán biocombustibles avanzados o e-combustibles, una electricidad más barata reducirá el precio del hidrógeno necesario para su fabricación. Es necesario sacar de la tarifa eléctrica todos aquellos componentes fiscales o de ayudas públicas que la encarecen. Es necesario evitar garantizar ingresos a tecnologías que van a encarecer el coste medio de la generación eléctrica.

Una electricidad lo más barata posible incrementará la demanda eléctrica, elemento clave de todo el proceso de transición energética.

En todo cálculo financiero, el tiempo es una variable relevante. Adelantar o retrasar cualquier inversión puede significar la diferencia entre el éxito o el fracaso. Cuando se marcan plazos perentorios desde la política, se está incidiendo en el coste de la transición energética y en la rentabilidad de las inversiones que supone. Transcurrida la vida útil de cualquier equipamiento, se produce su sustitución. Si en ese momento el nuevo equipo es capaz de quemar, por ejemplo, hidrógeno en lugar de gas natural, el coste inicial de la transición sería, únicamente, la diferencia de precio entre el nuevo equipo que quema hidrógeno y el equipo que consume gas, al que habría que añadir la diferencia de precio entre el hidrógeno y el gas. Si como consecuencia de una norma que estableciera que hay que consumir hidrógeno en una determinada fecha se acelerara el proceso inversor, el coste de la transición debería incorporar: los gastos derivados tanto de la menor vida útil del equipo existente como del adelanto de la inversión en el nuevo equipo; al igual que en el caso anterior, la diferencia de coste entre un equipo que quema hidrógeno y otro que consume gas natural, y, asimismo, tendría que tener en cuenta los costes derivados de la diferencia de precio entre el hidrógeno y el gas natural. También aquí las fechas importan. Hoy, el hidrógeno verde es varias veces más caro que el gas natural. En el futuro se espera que este diferencial se reduzca. Cuanto menor sea el diferencial de precios, menor será el coste adicional de la transición. Si se fuerza el adelanto de fechas, mayor será el coste derivado del cambio de combustible, que habría que sumar al coste de inversión. La normativa aprobada y, sobre todo, las fechas coactivas, tienen una clara incidencia en los gastos derivados de la transición.

Costes de inversión, costes operativos y tiempo determinarán los costes de la transición. Estos costes encajan en los que se denominan *costes de mitigación*, dedicados a reducir el calentamiento de nuestra atmósfera. Junto a ellos existen, y no pueden ser olvidados, los *costes de adaptación*, que son los destinados a paliar las consecuencias de la subida de las temperaturas medias y sus efectos. Por ejemplo, la construcción de defensas para prevenir la subida del mar encaja a la perfección dentro del capítulo de inversiones de adaptación. En Maldivas se ha creado una isla artificial elevada seis metros sobre el nivel del mar, frente al metro y medio de altitud del 80 % de las islas que conforman el archipiélago.[48]

En España, el agua sería el capítulo primordial de nuestras inversiones en adaptación. La expectativa es que la precipitación media en España se reduzca un 18 % a lo largo de las próximas décadas, que los episodios de sequía se reproduzcan con mayor asiduidad y que las precipitaciones sean más violentas e irregulares. Necesitamos invertir en trasvases, en nuevos embalses o en el recrecimiento de algunos existentes y en potabilizadoras. Sobre todo, necesitamos cambios profundos en los sistemas de gestión del agua. Es necesario reciclar más, reducir pérdidas y mejorar la eficiencia en el riego.

Otro capítulo similar es la gestión de los bosques. Se debe considerar que el riesgo de incendios es mayor, que su intensidad es más elevada y que su riesgo no se concentra ya sólo en la temporada veraniega. Los incendios destruyen masa forestal, lo que disminuye la capacidad de absorción de dióxido de carbono. Es imprescindible invertir en actividades de prevención, no sólo en recursos para la extinción de incendios.

Aún resta un capítulo adicional en el coste de la transición. En reuniones como las COP, siempre se habla de *mitigación*, *adaptación* y *pérdidas y daños*. Este último concepto es el derivado de los costes económicos que traen consigo los fenómenos atmosféricos extremos que se reproducen a lo largo y ancho del mundo con una frecuencia muy superior a la experimentada hasta la fecha. En el mundo desarrollado, las compañías de seguros, como ya se ha dicho, están sufriendo el impacto. En las eco-

48. McConnell, Tristan, «Las Maldivas se están hundiendo en el océano Índico ¿y ahora qué?», *National Geographic*, 21 de enero de 2022, <https://www.nationalgeographic.es/medio-ambiente/2022/01/las-maldivas-se-estan-hundiendo-en-el-oceano-indico-y-ahora-que>.

nomías emergentes, son las magras finanzas públicas las que deberían hacer frente a estos costes. Lo hacen en la medida que pueden. Estrictamente hablando, los costes por *pérdidas y* daños no son costes de la transición energética. Son los costes de no hacer la transición. Forman parte de las pérdidas de PIB que supone el calentamiento global. En la diplomacia multilateral, se unen a los costes de *mitigación* y *adaptación* con el objeto de presentar a los países desarrollados unas necesidades financieras de las economías en desarrollo lo más altas posibles. En la COP28 se estableció un fondo que financiara las necesidades por pérdidas y daños de las economías emergentes. La dotación inicial ha sido de 420 millones de dólares. Se ha vendido como un gran éxito, pero la cantidad de dinero es ridícula en comparación con las pérdidas que cada año se producen.[49]

Se mire por donde se mire, con el modelo McKinsey o el de Bloomberg, se contabilicen o no las inversiones en adaptación, el esfuerzo económico que requiere el proceso de transición energética es inmenso. El mundo debería invertir cada año entre el 5 y el 10 % de su PIB, dependiendo del grado de desarrollo de los diferentes países, en transformar sus sistemas energéticos. Ni por los importes que se barajan ni por el tipo de inversión que hay que abordar es concebible que estos procesos recaigan únicamente sobre las espaldas de los presupuestos de los distintos países. Es imprescindible que la inversión privada asuma un papel primordial en la tarea. La inversión privada no tiene problema en movilizarse si la seguridad jurídica es razonable y el retorno esperado es aceptable. El problema es descartar todos aquellos países donde la seguridad jurídica brilla por su ausencia y descartar, al tiempo, aquellas tecnologías cuyo desarrollo aún requiere avances tecnológicos o economías de escala que reduzcan sus costes y las hagan competitivas. Estos descartes dibujan un escenario más limitado, incluso, que el denominado escenario de

49. Williams, Aime; y Mooney, Attracta, «COP28 secures more than $420mn to seed loss and damage fund», *Financial Times*, 30 de noviembre de 2023, <https://www-ft-com.ezproxy.depaul.edu/content/e4c0c0fc-cb2f-495a-ba22-4bad1ef4a7dc>.

transición económica de Bloomberg, que sólo descarta tecnologías no rentables. El problema es que en esta hipótesis el calentamiento global sería hasta superior a 2,6 °C, claramente muy por encima del objetivo de 1,5-2 °C.

Un esquema financiero realista de la transición energética requiere movilizar la inversión privada, incrementar las ayudas públicas, sobre todo en tecnologías pendientes de maduración, y establecer mecanismos de colaboración internacional que permitan que las economías menos desarrolladas dispongan de recursos suficientes para afrontar la doble tarea de asegurar el suministro de energía a su población y que esta energía genere las menores emisiones posibles.

Movilizar la inversión privada. El modelo europeo. Los criterios ESG. Finanzas sostenibles

La inversión privada se moviliza en función del retorno esperado y de las garantías existentes de que dicho retorno se materialice en las condiciones previstas. Puede ser ingenuidad o estulticia, pero el criterio básico seguido por la UE para movilizar la inversión privada es obligar a los actores del mercado financiero a informar sobre la *sostenibilidad* de sus inversiones. Se supone que si las entidades financieras mantienen en su cartera inversiones poco sostenibles, estas inversiones suponen a largo plazo un riesgo más alto para el inversor. En consecuencia, las entidades financieras deben informar a los mercados sobre la sostenibilidad de sus carteras, de forma que los potenciales inversores sean conscientes del riesgo que asumen adquiriendo acciones o depositando sus ahorros en dichas entidades. Es dudoso que esta idea funcione. Es posible que el valor de una empresa petrolera disminuya a largo plazo, pero, si a corto se obtiene un elevado rendimiento, no hay razón para desinvertir en sus acciones o para dejar de prestarle dinero. Tiempo habrá, en el futuro, para tomar semejantes decisiones. La otra idea impulsora de la información obligatoria es pensar que la falta de sostenibilidad de una cartera de activos financieros puede generar una presión pública sobre el tenedor de la cartera para que incorpore activos más limpios. El problema es olvidar que cualquier entidad financiera tiene que dar prioridad a su solvencia y rentabilidad.

Como en otras cuestiones relacionadas con la transición energética, la maquinaria burocrática de Bruselas es imbatible. El primer paso fue una comunicación de la Comisión Europea en marzo de 2018 sobre el Plan de Acción: Financiar el desarrollo sostenible.[50] El plan considera que para reorientar «la inversión privada hacia actividades más sostenibles requiere una interpretación común de lo que significa *sostenible*. Un sistema de clasificación unificado —o taxonomía— de la UE aportará claridad sobre qué actividades pueden considerarse *sostenibles*». Un segundo objetivo del plan es integrar la sostenibilidad en la gestión de riesgos.

Estima también que el «fomento de la transparencia es un requisito indispensable para que los actores de los mercados financieros puedan evaluar adecuadamente la creación de valor a largo plazo de las empresas y su gestión de los riesgos de sostenibilidad». Por último, el plan considera esencial impulsar la información a largo plazo, dado que los riesgos ambientales y sociales se valoran mejor cuanto mayor es el horizonte temporal en el que se analizan.

Conviene subrayar que este plan de la UE no tiene por objeto exclusivo movilizar la inversión privada hacia la reducción de emisiones. Es un plan tributario de la doctrina de la sostenibilidad, en la que, como se ha visto, determinados objetivos —todos ellos loables, pero de muy diferente dimensión y alcance— se ponen en pie de igualdad. La validez de la consecución de cada uno de ellos queda condicionada por la consecución del conjunto de todos ellos. Esta idea queda claramente reflejada en el Regla-

50. Dictamen del Comité Económico y Social Europeo sobre la Comunicación de la Comisión al Parlamento Europeo, al Consejo Europeo, al Consejo, al Banco Central Europeo, al Comité Económico y Social Europeo y al Comité de las Regiones — Plan de Acción: Financiar el desarrollo sostenible [COM(2018) 97 final].

mento (UE) 2019/2088 del Parlamento Europeo y del Consejo de 27 de noviembre de 2019 sobre la divulgación de información relativa a la sostenibilidad en el sector de los servicios financieros, que, tras la publicación del Plan de Acción: Financiar el desarrollo sostenible, es la siguiente pieza de engranaje normativo comunitario. La definición de inversión sostenible incluida en el apartado 17 del artículo 2 del reglamento es ilustrativa:

> [son] inversiones en una actividad económica que contribuyan a un objetivo medioambiental, medido, por ejemplo a través de indicadores clave de eficiencia de recursos relativos al uso de la energía, de la energía renovable, consumo de materias primas, agua y suelo, producción de residuos y emisiones de gases de efecto invernadero e impacto sobre la biodiversidad y la economía circular o las inversiones en una actividad económica que contribuyan a un objetivo social y, en particular, toda inversión que contribuya a luchar contra la desigualdad, toda inversión que refuerce la cohesión social, la integración social y las relaciones laborales, o toda inversión en capital humano o en comunidades económica o socialmente desfavorecidas; siempre y cuando las inversiones no perjudiquen significativamente a ninguno de dichos objetivos y las empresas beneficiarias sigan prácticas de buena gobernanza, en particular en lo que respecta a que sus estructuras de gestión, relaciones con los asalariados y remuneración del personal pertinente sean sanas y cumplan las obligaciones tributarias.

Inversiones sostenibles son, pues, las que cumplen con criterios ambientales, sociales y de gobernanza empresarial, *environmental, social and governance* (ESG). En paralelo, las finanzas sostenibles, tan manidas en estos tiempos, engloban cualquier tipo de servicio financiero que se presta a empresas o proyectos que cumplen los criterios ESG. Como la perfección absoluta no existe, y es difícil la confluencia simultánea en una única inversión de objetivos medioambientales y sociales y de prácticas de gobernanza empresarial de máxima calidad, se ha introducido en la definición de inversión sostenible el concepto de la *ausencia de daño significativo*. Es decir, una inversión es sostenible cuando cumpla un criterio y no perjudique la consecución del resto de los criterios que conforman la sostenibilidad.

Según esta norma, invertir en Tesla, propiedad de Elon Musk, fabricante de coches eléctricos que contribuyen a reducir las emisiones en el transporte, difícilmente sería una inversión sostenible. El poder omnímodo de Musk y sus decisiones unilaterales no cumplirían las prácticas de buena gobernanza. Sus estructuras de gestión y las relaciones con los asalariados —con amenazas y ejecución de despidos masivos— no podrían ser calificadas de sanas. En el extremo opuesto, una empresa que contrate personas en riesgo de exclusión social, siempre que su actividad no sea especialmente contaminante, es una inversión sostenible, aunque su contribución a la reducción de emisiones sea inexistente. Esta heterogeneidad de propósitos difumina el objetivo de reducir emisiones. Puede haber fondos de inversión que cumplan con criterios ESG y no contribuyan en absoluto a la reducción de emisiones. El resumen es que considerar que las finanzas sostenibles canalizan recursos hacia inversiones que reducen emisiones de dióxido de carbono es una generalización equivocada. Puede que lo hagan, pero también puede que no.

Otro problema de las inversiones ESG es presumir que dejar de invertir en acciones de determinadas empresas supone un perjuicio inmediato para ellas. Quizás a largo plazo, porque les obligue a incrementar la retribución al accionista para seguir atrayendo inversores y reduzca su capacidad de crecimiento futuro. Lo que de verdad daña a una empresa es la pérdida de ventas. Si las ventas crecen, sea por volumen o por subida de precios, y además se incrementa la retribución al accionista, el principal perjudicado será el inversor cuyos ahorros no se canalizan hacia acciones de una empresa que crece y retribuye mejor. La realidad es que los fondos ESG han obtenido un retorno inferior al retorno de los fondos que invierten en todo tipo de sectores y empresas. Aunque cabría la satisfacción moral, no hay manera de demostrar fehacientemente que lo que un inversor deja de ganar se traduce en un bien para el planeta, entre otras cosas, porque la sostenibilidad no supone necesariamente reducción de emisiones.

Toda esta idea de la información como motor de atracción de la inversión privada es poner el carro delante de los bueyes. El mercado financiero funciona al revés, porque nunca se apartará de su mandato primigenio, o sea, incrementar el retorno de sus inversiones. Si la transición energética tiene éxito y la demanda de petróleo y gas disminuye, la inversión financiera abandonará progresivamente el sector, pero no antes de que la caída de la demanda sea una realidad. En las dictaduras se pueden imponer unas determinadas pautas de conducta a los agentes económicos. Este tipo de políticas, como demuestra la evidencia empírica, suele acabar en desastre. En economías de mercado se suele imponer la racionalidad económica de las decisiones de inversión. La información sobre la suma agregada de estas decisiones no daña, incluso es positiva, pero si lo que se quiere es canalizar inversiones hacia una determinada actividad, sirve de muy poco. La racionalidad de las inversiones sigue siendo el único norte posible.

Toda la normativa europea sobre información financiera tiene como imposible objeto de deseo el imponer determinadas pautas de conducta a los agentes económicos. Como en sociedades y economías abiertas la imposición no es posible, el resultante es una carga burocrática adicional que genera una información valiosa, pero escasamente útil para canalizar la inversión privada hacia la reducción de emisiones. El reglamento ya citado introduce un sistema de clasificación de los productos financieros que se ofrecen en el mercado según el artículo que les es de aplicación:

- Art. 6. Productos con riesgo de sostenibilidad, para los que hay que explicar las posibles repercusiones en la rentabilidad de los riesgos de sostenibilidad o productos con escaso riesgo de sostenibilidad. Para estos últimos basta con explicar de manera clara y concisa por qué no se incurre en dicho riesgo.
- Art. 8. Productos financieros que promuevan, entre otras, características medioambientales o sociales, o una combinación de ellas, siempre y cuando las empresas en las que

se hace la inversión observen buenas prácticas de gobernanza. Se debe informar sobre cómo se cumplen esas características.

- Art. 9. Productos financieros que tienen como objetivo inversiones sostenibles. La información que se habrá de divulgar deberá incluir una explicación de cómo se alcanza dicho objetivo.

La derivada buscada es clara. La santidad reside en al artículo 9 y la bondad en el 8. El artículo 6 queda reservado a indiferentes y pecadores. El examen de conciencia anual debía conducir al propósito de enmienda.

El paso siguiente adoptado por la UE fue, conforme al plan inicial, aprobar la taxonomía europea. El título de la norma fue Reglamento (UE) 2020/852 del Parlamento Europeo y del Consejo de 18 de junio de 2020 relativo al establecimiento de un marco para facilitar las inversiones sostenibles. El propósito era establecer los criterios para determinar si una actividad económica se considera medioambientalmente sostenible a efectos de fijar el grado de sostenibilidad medioambiental de una inversión. La mecánica seguida es, entonces, determinar las actividades que se estiman sostenibles y los criterios que tienen que cumplir. Se precisa también el concepto de *daño significativo* en el que ninguna de las actividades debe incurrir. Las actividades medioambientalmente sostenibles son:

- Mitigación del cambio climático
- Adaptación al cambio climático
- Uso sostenible y protección de los recursos hídricos y marinos
- Transición hacia una economía circular
- Prevención y control de la contaminación
- Protección y recuperación de la biodiversidad y los ecosistemas

El problema se reproduce. La necesidad ineludible es promover inversiones en reducción de emisiones. El esfuerzo que todos y cada uno de los países del mundo debe acometer es ingente. Diversificar la posible utilización de los fondos en distintas finalidades, aunque todas ellas sean legítimas y necesarias, no ayuda, sino que distrae.

No obstante, la norma introduce alguna dosis de realismo al referirse únicamente a la sostenibilidad medioambiental. Si se quiere hacer algo con sentido, es necesario empezar a separar conceptos. Los aspectos sociales y de gobernanza incluidos en la definición de inversión sostenible son subsumidos en el cumplimiento de las normas existentes: líneas directrices de la OCDE para empresas multinacionales, los Principios Rectores de las Naciones Unidas sobre las Empresas y los Derechos Humanos, incluidos los principios y derechos establecidos en los ocho convenios fundamentales a que se refiere la Declaración de la Organización Internacional del Trabajo relativa a los principios y derechos fundamentales en el trabajo y la Carta Internacional de Derechos Humanos. Aunque el artículo que hace referencia a esta normativa se titula *garantías mínimas*, lo que viene a reconocer es que lo que las empresas tienen que hacer es cumplir con la normativa social y laboral, de igual modo que con las regulaciones de aplicación sobre gobierno corporativo. Son reglas que se cumplen o no se cumplen, pero no tienen por qué constituir el núcleo esencial de la inversión empresarial.

La otra muestra de realismo de la taxonomía europea fue un poco posterior. En febrero de 2022 se incluyeron inversiones en centrales de gas y nucleares entre las inversiones que contribuían a la mitigación del cambio climático. Ambas actividades eran incluidas como contribuyentes transitorias. Las inversiones en gas deberán reconvertirse en 2035 a hidrógeno o gases de bajas emisiones. Tras estas modificaciones es fácil encontrar el rastro inconfundible de Alemania y Francia. Alemania, que cierra sus nucleares y tiene que sustituir carbón por gas, y Francia, que se reafirma en su apuesta nuclear.

El raciocinio subyacente de toda esta normativa europea no deja de sorprender. Se define lo que es una inversión sostenible y se obliga a informar al sector financiero sobre cuántas de las inversiones de sus carteras contribuyen a la sostenibilidad, de acuerdo con los criterios establecidos en la norma europea. La idea es que la publicación de la información correspondiente activará la presión social y todas las entidades obligadas a informar realinearán sus inversiones conforme a los deseos de la Comisión Europea. Ni el objetivo ni los medios son los adecuados. Si lo que se quiere es canalizar inversiones hacia la reducción de emisiones, no conviene ampliar el enfoque. Si lo que se quiere es canalizar inversiones, habrá que hablar del retorno esperado y no de la información precisa.

El diagnóstico, una vez más, se repite. La normativa europea no es mala, es inocua. Es el placebo que en los experimentos médicos se da a determinados pacientes para medir el efecto del nuevo medicamento en otro grupo de pacientes. No daña, pero tampoco cura. En contra de este diagnóstico puede aducirse la existencia de fondos de inversión que se publicitan porque encajan a la perfección en el más exigente artículo 9 de la norma europea, dedicado a las inversiones sostenibles. Puede argumentarse que son fondos que existen gracias a la Unión Europea. En realidad, su coincidencia con el artículo 9 es circunstancial. Son fondos que garantizan una rentabilidad financiera a sus inversores, y ése es el elemento fundamental de su éxito o de su fracaso. Son fondos que ofrecen una rentabilidad basada en dedicar las inversiones a un tema concreto, donde pueden ofrecer a los inversores su acceso a un modelo de negocio que hace posible la obtención de las rentabilidades que se esperan. Son fondos que nada tienen que ver, en su concepción y enfoque, con la generalidad absurda de los criterios ESG, cuyo fracaso relativo era previsible. Otra cosa es la capacidad del sector financiero de vender lo que le pongan por delante, sean hipotecas *subprime* (de alto riesgo) en Estados Unidos o acciones preferentes en España.

Fue, precisamente, Estados Unidos quien encumbró las inversiones ESG y quien está procediendo a su entierro silencioso.[51]

51. Shifflett, Shane, «Wall Street's ESG Craze is Fading», *The Wall Street Journal*, 19 de noviembre de 2023, <https://www.wsj.com/finance/investing/

Algunos gobernadores republicanos prohibieron a los fondos de pensiones de sus empleados públicos invertir en productos de empresas de servicios financieros que preconizaran inversiones ESG. El gobernador de Texas fue uno de ellos, en reciprocidad a la no inversión en petróleo y gas, combustibles de los que su estado es el primer productor de Estados Unidos. El gobernador de Florida hizo lo propio por cuestiones más ideológicas.

Al margen de la trifulca política, la realidad ha sido el menor rendimiento de este tipo de inversiones frente a los fondos que invierten en todo tipo de activos. Pero, al margen del éxito o fracaso de las inversiones ESG, la cuestión es que la política europea de atracción de la inversión privada hacia la reducción de emisiones carece de capacidad tractora, porque no incide en ninguno de los dos problemas básicos de la transición energética: la capacidad de invertir de ciudadanos y empresas y la falta de rentabilidad esperada de algunas tecnologías.

Movilizar la inversión privada. El modelo americano

La realidad norteamericana es mucho más práctica. Moviliza la inversión privada a través de la ayuda pública. La IRA es, en realidad, una ley dedicada a la promoción de las inversiones relacionadas con la reducción de emisiones. En un único texto legal combina la ayuda pública y los incentivos a la inversión privada en todo lo relativo a mitigación y adaptación al cambio climático. Ayudas públicas e incentivos que se reservan, en exclusiva, a la producción norteamericana. Es una ley que responde a la racionalidad básica del sector financie-

---

esg-branding-wall-street-0a487105>; y Keeley, Terrence, «Why ESG Funds Fail and how they could Succeed», *The Wall Street Journal,* 17 de octubre de 2022, <https://www.wsj.com/articles/why-esg-funds-fail-and-how-they-could-succeed-impact-investing-financial-value-divest-dei-emissions-brown-green-11666038061>.

ro. Garantiza el retorno de las inversiones efectuadas para reducir emisiones.[52]

Los incentivos a la inversión privada se materializan a través de créditos fiscales a diez años. La producción eléctrica libre de emisiones —incluida la nuclear— recibe un crédito fiscal a la producción de 15 dólares por megavatio hora producido. Este crédito fiscal es transferible. Se mantiene hasta la fecha más tardía, entre 2032 y aquella en la que las emisiones de dióxido de carbono procedentes de la producción eléctrica se sitúen por debajo del 25 % de las emisiones de 2022. La inversión en generación libre de emisiones recibe, además, un crédito fiscal a la inversión por un importe equivalente al 6 % del importe invertido. También se trata de un crédito fiscal transferible. Se otorgan también créditos fiscales a la producción de componentes para producción solar o eólica, inversores, componentes de baterías y producción de minerales críticos.

El tratamiento que la ley estadounidense establece para los vehículos eléctricos merece un análisis más detenido. De entrada, el comprador de un vehículo eléctrico nuevo recibe un crédito fiscal por importe de 7.500 dólares. Para que el crédito se materialice, el precio del coche debe ser inferior a 55.000 dólares. Por su parte, la renta anual del comprador no debe superar los 150.000 dólares en el caso de personas solteras, 300.000 en parejas donde ambos trabajan y 225.000 para cabezas de familia en las que uno sólo de los cónyuges trabaja.

El beneficio se reserva, por tanto, a coches de gama media y baja y a familias de renta también media y baja. Además, el ensamblaje final de los vehículos debe producirse en Norteamérica y deben tener un contenido mínimo de minerales extraídos o procesados en Estados Unidos o en un país con el que tengan un tratado de libre comercio. A partir de 2024, los componentes de las baterías no pueden ser fabricados o ensamblados en lo que la ley llama, en una curiosa expresión, *foreign entity of concern* ('entidad extranjera de interés'), es decir, en China. A partir de 2025,

52. Un análisis completo sobre la IRA puede encontrarse en «Inflation Reduction Act Guidebook», la Casa Blanca, enero de 2023, <https://www.whitehouse.gov/cleanenergy/inflation-reduction-act-guidebook/>.

este requisito se amplía a los minerales críticos que componen la batería. Por cierto, el crédito fiscal es transferible al vendedor del coche a cambio de una rebaja en el precio.

La ley extiende, hasta finales de 2024, beneficios fiscales existentes para biocombustibles y biocombustibles avanzados. Para 2025 establece un crédito fiscal para combustibles de bajas emisiones, definidos como aquellos cuyas emisiones son inferiores a 50 kilogramos de dióxido de carbono equivalente por millón de BTU (*British thermal units*). Entre estos combustibles se incluyen los SAF. Tienen acceso a estos beneficios —1 dólar por galón y 1,75 dólares por galón para combustible de aviación— los productores registrados en Estados Unidos. En el caso de los SAF, el combustible, además de producido, tiene que ser suministrado en Estados Unidos. Como las emisiones de estos combustibles son variables según la materia prima y el proceso de producción seguido, el beneficio fiscal se ajusta, también, en función de las emisiones.

Igualmente, los créditos fiscales se aplican a la captura y secuestro o utilización de carbono. En este caso, se diferencia entre la captura directa del aire, captura en una planta de generación eléctrica o captura en otro tipo de instalación industrial. También se reduce el importe del crédito si el dióxido de carbono secuestrado se utiliza para inyectarlo en yacimientos de petróleo e incrementar la producción. El beneficio fiscal oscila entre 12 y 36 dólares por tonelada de dióxido de carbono capturada.

La producción de hidrógeno de bajas emisiones recibe un crédito fiscal de 3 dólares por kilo producido. A este crédito fiscal se le aplica un coeficiente variable entre 0,2 y 1 en función de las emisiones de dióxido de carbono generadas en su proceso de producción.

La normativa norteamericana es tecnológicamente neutra. No entra a valorar o preferir un sistema de producción u otro. Reparte las ayudas en función de la reducción de emisiones alcanzada, pero no discrimina entre tecnologías. Es posible producir hidrógeno por electrolisis del agua utilizando electricidad renovable, electricidad nuclear o electricidad tomada directamente de la red. Es posible, asimismo, producir hidrógeno a partir del reformado de gas natural con captura de emisiones o a partir de pirolisis de gas natural sin emisiones. En el caso de los combustibles de bajas emisiones el enfoque estadounidense es el mismo. Neutralidad tecnológica y ayudas en función de la reducción de emisiones alcanzada. En Europa, por el contrario, no hay una ayuda genérica a los costes de producción, pero nuestra norma indica el camino tecnológico a seguir: en 2030, el 29 % de la energía consumida en el transporte deberá ser renovable. Del 29 % renovable, un 5,5 % tendrán que ser biocombustibles avanzados, de los que, a su vez, un 1 % deberán ser RFNBO, fabricados con hidrógeno verde y dióxido de carbono capturado del aire.

El modelo americano consiste en movilizar la inversión privada a través de la ayuda pública. No discrimina entre tecnologías y tampoco lo hace entre inversores. Todo aquel que invierta y cumpla las condiciones establecidas tendrá derecho a disfrutar de la ayuda. No hay un proceso de selección pública de los diferentes proyectos privados para el acceso al disfrute de los créditos fiscales previstos ni se requieren méritos adicionales que tengan que ver con el tamaño, volumen de empleo o ubicación de la empresa para recibirlos. Lo que se subvenciona, a través de créditos fiscales, es la producción y la reducción de emisiones. La transferibilidad de los créditos fiscales, por último, garantiza que nadie que invierta vea limitada su capacidad de convertir en dinero la ayuda fiscal percibida.

El coste de la ley para el Tesoro norteamericano no es fácil de calcular, puesto que las ayudas se materializan a través de créditos fiscales para los que no existe una limitación cuantitativa. Todo el que invierta o produzca tiene derecho a ellos. La Oficina Presupuestaria del Congreso fijó el coste en 391.000 millones de dólares. Un estudio de Goldman Sachs cifra el esfuerzo presupuestario en 1,2 billones (trillones americanos), pero señala, a continuación, que este importe es capaz de generar un proceso inversor de 3 billones.[53]

53. «The US is poised for an energy revolution», Goldman Sachs, 17 de abril de 2023, <https://www.goldmansachs.com/intelligence/pages/the-us-is-poised-for-an-energy-revolution.html>.

Si de lo que se trataba era de movilizar la inversión privada hacia la reducción de emisiones, parece que el modelo norteamericano va a tener el éxito que Europa hubiera querido para sí. Con un matiz adicional: el proteccionismo de la ley estadounidense deja fuera de juego a la industria europea.

La información sobre emisiones. *Scope* 1, 2 y 3

Tanto el modelo norteamericano como el europeo obligan a las empresas de todo tipo a informar sobre sus emisiones de dióxido de carbono. La Unión Europea aprobó en 2022 una directiva sobre la presentación de información sobre sostenibilidad por parte de las empresas que se espera obligue a unas 6.000 empresas europeas.[54] Como siempre, el enfoque europeo es el genérico de la sostenibilidad. A la hora de solicitar información a las empresas no se olvida ni del bienestar animal. Lo relevante y positivo es que se precisa la necesidad de informar sobre emisiones siguiendo un estándar internacional. Las empresas deben informar sobre sus emisiones de alcance 1, 2 y 3 (*scope* 1, 2 y 3). La SEC (Securities and Exchange Commission) norteamericana aprobó, en marzo de 2024, una norma por la que todas las compañías que cotizan en bolsa deben informar sobre sus emisiones de alcance 1 y 2. En 1998 se creó el Greenhouse Gas Protocol. Fue una iniciativa conjunta del World Resources Institute y el World Business Council for Sustainable Development para el establecimiento de unas reglas comunes para la medición de las emisiones. En 2001 se publicaron las primeras reglas de medición, en las que aparecieron, por vez primera, los conceptos de alcance 1, 2 y 3.

54. Directiva (UE) 2022/2464 del Parlamento Europeo y del Consejo de 14 de diciembre de 2022 por la que se modifican el Reglamento (UE) n.º 537/2014, la Directiva 2004/109/CE, la Directiva 2006/43/CE y la Directiva 2013/34/UE, por lo que respecta a la presentación de información sobre sostenibilidad por parte de las empresas.

- Emisiones de alcance 1. Son las producidas por fuentes controladas por la propia empresa. Son las derivadas del proceso industrial, de la calefacción de edificios o las originadas por los vehículos de la propia empresa.
- Emisiones de alcance 2. Son las derivadas del abastecimiento energético de la compañía. Son, por ejemplo, las producidas en la generación de la electricidad comprada.
- Emisiones de alcance 3. Aquellas indirectas, que tienen lugar a lo largo de toda la cadena de valor de la compañía. Pueden estar relacionadas con las operaciones diarias de la compañía, con la adquisición de materias primas o con los productos vendidos. Para un fabricante de coches, incluyen las emisiones generadas en la fabricación del acero que compran y por los coches que venden cuando sus propietarios los conducen.

Nada que decir respecto a las emisiones de alcance 1 y 2. Las emisiones de alcance 3 son un concepto como poco vidrioso.[55] Su valor para medir emisiones es escaso, dado que diferentes empresas están obligadas a reportar las mismas emisiones. Si un empleado de una empresa acude al trabajo conduciendo su propio coche, las emisiones generadas en el trayecto deben ser computadas en el alcance 3 de la empresa. Las mismas emisiones deben ser registradas por la empresa que fabrica el coche y por la empresa petrolera que fabrica la gasolina. La idea es que el alcance 3 suponga para las empresas obligadas a reportarlas un incentivo a la reducción. La empresa empleadora puede establecer un sistema colectivo de transporte al trabajo que utilice vehículos no contaminantes. La empresa automovilística puede producir coches eléctricos y la petrolera puede producir combustibles sintéticos.

De esta forma, todas las empresas implicadas reducen sus emisiones de alcance 3. A nadie se le escapa que la medición de

55. Una explicación sencilla sobre el alcance 1, 2 y 3 puede encontrarse en Jeremy Gregory; y Krol, Aaron, «Scope 1, 2 and 3 Emissions», Climate Portal, <https://climate.mit.edu/explainers/scope-1-2-and-3-emissions>.

las emisiones de alcance 3, para cualquier empresa industrial, es una pesadilla interminable, de coste incierto y resultado dudoso.

Si el 88 % de las emisiones proceden del consumo de energía, bien está que se controlen las emisiones producidas en la generación de energía y en su consumo, pero las emisiones de alcance 1 y 2 de una compañía serán las de alcance 3 de otra.

Se entiende que la SEC norteamericana no exija el alcance 3 en el reporte de sus empresas cotizadas y se entiende también que la Unión Europea haya retrasado, al menos dos años —hasta 2026—, la obligatoriedad de presentar la información relativa al alcance 3.

En todo caso, bien está que se informe de forma concreta sobre las emisiones de dióxido de carbono de cada compañía. Para llegar a ello, sigue siendo necesario en Europa continuar moviéndose en el batiburrillo de la sostenibilidad, pero, al menos, el seguimiento del problema esencial puede hacerse a través de un número elevado de empresas. El enfoque americano, como siempre, más práctico, se olvida del inabarcable enfoque 3.

Los fondos públicos

La inversión privada se encamina hacia aquellos sectores en los que es posible esperar un retorno financiero suficiente. La efectividad de la IRA norteamericana consiste en hacer rentables inversiones que sin los créditos fiscales de la ley no lo serían, pero, además, complementa estos créditos con subsidios y ayudas económicas directas a determinadas actividades relacionadas con la transición energética. Son programas dedicados a incentivar el desarrollo tecnológico —*American-made clean energy technologies*— con un importe superior a los 30.000 millones de dólares y una inversión en energías limpias en áreas rurales de casi 13.000 millones o un programa dedicado al liderazgo americano en descarbonización de la industria y manejo de carbono que cuenta con más de 7.400 millones. El monto total de todos estos programas asciende a algo más de 150.000 millones, a los que hay que sumar el importe de los créditos fiscales dedicados a movilizar la inversión privada. Ambos conceptos suman los 1,2 billones calculados por Goldman Sachs.

En Europa no tenemos créditos fiscales para movilizar la inversión privada, pero hemos hecho un importante esfuerzo en inversión pública. Por primera vez, la Unión Europea se ha endeudado —con lo que supone, en términos de socialización del riesgo entre países miembros— para atender las necesidades de la transición energética. Son los llamados fondos Next Generation EU (gráfico 4.1).

Gráfico 4.1. Importe y reparto tentativo de los fondos EU Next Generation

Fuente: Fundación Repsol.

El primer problema, como suele ocurrir con la burocracia europea, es la irremediable tendencia a mezclar las cosas. Cuesta tanto, en ocasiones, la aprobación de una iniciativa como ésta, que se pretende que sea útil para casi todo. Los fondos tienen que servir para la digitalización y la transición energética para modernizar la Administración pública y para formar trabajadores para un mundo digital.

De los 723.000 millones del Mecanismo de Recuperación y Resiliencia (MRR), a España le corresponden 163.927 millones, de los cuales un 34 %, unos 55.000 millones, se destina a finalidades que podríamos considerar encuadradas en la transición energética. 22.000 millones serán préstamos que otorgará el Instituto de Crédito Oficial y que corresponden a la parte de los fondos europeos que se conceden bajo la modalidad crediticia. Otro capítulo es el formado por los *proyectos estratégicos para la recuperación y transformación económica* (PERTE). Se han aprobado 12, de los que 4 podrían encajar en un subcapítulo de reducción de emisiones: economía circular (792 millones), vehículo eléctrico (3.120 millones), energía e hidrógeno renovable y almacenamiento (10.796 millones) y descarbonización industrial (1.470 millones). De estas 4 iniciativas, que suman 16.178 millones, a finales del primer trimestre de 2024 se habían adjudicado 4.158 millones, un modesto 26 %. Queda el capítulo de ayudas directas manejado por la administración estatal, cercano a los 17.000 millones, de los que más de 6.000 han sido transferidos a las comunidades autónomas y algo más de 4.000 han sido adjudicados en forma de subvenciones.[56] El resultado de este pequeño, o gran, galimatías burocrático es la dilución del potencial impacto positivo de las ayudas, la dificultad y lentitud de los plazos de tramitación administrativa para acceder a ellas y, como consecuencia, la incertidumbre en que se sume a las empresas a la hora de planificar sus inversiones.

Es posible que otros países europeos hayan abordado el reparto de sus fondos de forma más eficaz, pero el estándar sigue siendo el estadounidense: la producción de hidrógeno bajo en emisiones tiene acceso a un crédito fiscal durante 10 años de 3 dólares por kilo producido, lo que permite que esa producción sea rentable y, lo que es más importante, el potencial comprador de un hidrógeno bajo en emisiones sabe que puede contar con un producto competitivo para sustituir su consumo de combustible fósil.

56. El mejor informe disponible sobre la ejecución de los fondos europeos es el de la consultora LLYC: «Next Generation EU: estado de ejecución del PRTR», LLYC, 31 de marzo de 2024, <https://llyc.global/wp-content/uploads/2024/04/Infografia-abril-2024-1_compressed.pdf>.

La respuesta europea. Plan Industrial del Pacto Verde europeo

Más de cuatro años después de la aprobación del Pacto Verde Europeo, la Comisión Europea ha reconocido que su aproximación política a la reducción de emisiones no iba a funcionar o que, si lo hacía, representaría un coste difícilmente soportable para la industria europea. La política basada en la imposición del coste de los derechos de emisión, combinada con normas perentorias —poco respetuosas con la neutralidad tecnológica— sobre cómo debían proceder los agentes económicos con respecto a la descarbonización, había quedado desarbolada por la mucho más práctica aproximación norteamericana, donde el «palo» europeo era sustituido por la «zanahoria» de créditos fiscales, ilimitados en su monto total, a empresas y consumidores que invirtieran en la descarbonización. La ingenuidad de creer que la mera publicidad de las inversiones sostenibles de los agentes financieros iba a promover un torrente de fondos privados hacia la reducción de emisiones quedó diluida en el retroceso de los fondos ESG. La renuencia en el despliegue del Mecanismo de Ajuste en Frontera por Carbono para proteger a la industria europea se ha dado de bruces con la agresividad china en el dominio de materias primas y mercados y con el radical proteccionismo norteamericano.

En febrero de 2023, la Comisión Europea aprobó el Plan Industrial del Pacto Verde.[57] Su primer objetivo era el establecimiento de un marco regulatorio previsible, coherente y simplificado. La primera pieza de ese marco regulatorio sería una Ley sobre la industria de cero emisiones netas[58] para sustentar la fa-

57. COM (2023) 62 final COMUNICACIÓN DE LA COMISIÓN AL PARLAMENTO EUROPEO, AL CONSEJO EUROPEO, AL CONSEJO, AL COMITÉ ECONÓMICO Y SOCIAL EUROPEO Y AL COMITÉ DE LAS REGIONES. Un Plan Industrial del Pacto Verde para la era de cero emisiones netas.

58. COM (2023) 161 final Propuesta de REGLAMENTO DEL PARLAMENTO EUROPEO Y DEL CONSEJO por el que se establece un marco de medidas para reforzar el ecosistema europeo de fabricación de productos de

bricación industrial de tecnologías clave en la UE. Esta norma proporciona un marco regulador simplificado para la capacidad de fabricación de productos como las baterías, los aerogeneradores, las bombas de calor y la tecnología solar, así como la tecnología de los electrolizadores y la tecnología de captura y almacenamiento de carbono. Establece el objetivo de que al menos el 40 % de las necesidades anuales de estas tecnologías estratégicas de cero emisiones netas se produzca dentro de la Unión Europea. Crea una ventanilla única para cada país miembro y establece unos plazos mínimos de aprobación de entre doce y dieciocho meses para la aprobación de estos proyectos. Establece un plazo de tres meses para el establecimiento de los requisitos exigidos en la declaración de impacto ambiental. Crea la entidad de las autoridades nacionales competentes en cada país miembro para que centralicen estas autorizaciones. Esta ley establece, también, la figura de los proyectos estratégicos de cero emisiones netas y otorga carta de naturaleza a la captura de dióxido de carbono, para la que fija un objetivo anual de 50 millones de toneladas. Por último, el código incorpora la creación de un observatorio, la Plataforma Europea de Cero Emisiones Netas, y establece medidas para garantizar la formación de los trabajadores en estas tecnologías y su acceso a los puestos de trabajo que eventualmente se creen.

Otra pieza legal es la ley de materias primas críticas,[59] que establece que, para una serie de materias primas indispensables para los procesos de fabricación de tecnologías relacionadas con la transición energética, al menos, el 10 % debe ser extraído en suelo europeo, un 40 % debe ser procesado en países de la Unión y un mínimo del 15 % de la capacidad de reciclado debe estar en Europa. El capítulo dedicado a un marco regulatorio previsible,

---

tecnologías de cero emisiones netas. Tras el trámite parlamentario y negociaciones subsiguientes, el Consejo dio su aprobación final el 27 de mayo de 2024.

59. Reglamento (UE) 2024/1252 del Parlamento y del Consejo, de 11 de abril de 2024, por el que se establece un marco para garantizar un suministro seguro y sostenible de materias primas fundamentales y por el que se modifican los Reglamentos (UE) 168/2013, (UE) 2018/858, (UE) 2018/1724 y (UE) 2019/1020.

coherente y simplificado se completa con la reforma del mercado eléctrico y su esfuerzo por incrementar la contratación a largo plazo de electricidad, un reglamento europeo sobre baterías y un esfuerzo adicional en la creación y desarrollo de infraestructuras.

El segundo gran objetivo del Plan Industrial del Pacto Verde es garantizar un acceso rápido a la financiación. La idea es modificar el Marco Temporal de Crisis, creado a partir de la guerra de Ucrania, y ampliarlo a un Marco Temporal de Crisis y Transición, que debería contar con los siguientes objetivos:

- Simplificar las ayudas para el despliegue de energías renovables y ampliarlo a todas las tecnologías renovables, al almacenamiento de hidrógeno y a los biocarburantes renovables. Lo siguiente sería eliminar la necesidad de licitaciones abiertas para las tecnologías menos maduras y ampliar los plazos para completar proyectos.
- Un segundo objetivo sería la simplificación de las ayudas a la descarbonización de los procesos industriales para permitir ayudas por referencia a porcentajes estándar de costes de inversión para el uso del hidrógeno, la eficiencia energética y la electrificación.
- Promover regímenes reforzados de apoyo a la inversión para la producción de tecnologías estratégicas de cero emisiones netas, incluida la posibilidad de conceder ayudas más elevadas para igualar la ayuda recibida para proyectos similares por competidores situados fuera de la Unión Europea.
- Incentivar con ayudas más específicas grandes proyectos de nueva producción en cadenas de valor estratégicas de cero emisiones netas, teniendo en cuenta los déficits de financiación mundial.
- Permitir a los Estados miembros establecer regímenes para apoyar nuevas inversiones en instalaciones de producción en sectores estratégicos de cero emisiones netas definidos, también a través de incentivos fiscales. La Comisión se ofrece a tratar de armonizar estos incentivos para evitar la competencia entre países miembros.

- Aumento significativo de los umbrales de notificación de las ayudas estatales para tecnologías de emisiones cero. Por su parte, la Comisión adaptará las normas sobre ayudas estatales con una revisión más amplia del Reglamento general de exención por categorías.

El Plan Industrial contempla también el refuerzo de la financiación europea. Habla de la creación de un nuevo Fondo para la Soberanía Europea, además de citar los diferentes instrumentos existentes. Llama la atención la creación del Banco del Hidrógeno, que ya ha realizado su primera subasta, para subvencionar en una cantidad —la resultante de la subasta— el kilo de hidrógeno producido. Además, el plan aborda la necesidad de adecuar la oferta y demanda de trabajo en todo el sector de las tecnologías de cero emisiones. Es necesario mejorar la capacitación laboral de los europeos y entender y aceptar la importancia de la inmigración para poder mantener una posición de liderazgo industrial en un marco de declive demográfico. El último pilar del plan es una matizada libertad comercial. La Comisión Europea apuesta por la libertad comercial, la reforma de la Organización Mundial del Comercio (OMC) y los acuerdos comerciales con distintos países y otras áreas de libre comercio, pero el tono difiere del tradicional. El texto habla de créditos a la exportación, la existencia de instrumentos de defensa comercial, los reglamentos sobre inversiones extranjeras y el control de la inversión extranjera directa; el reglamento de contratación pública y la posibilidad de reaccionar ante acciones coercitivas contra las exportaciones europeas. Es una declaración de fuerza normativa de respuesta ante posibles agresiones. Una potencia comercial como la UE no puede ni debe abandonar el paradigma de la libertad comercial, motor de crecimiento y de baja inflación, pero debe repensar sus políticas en un mundo donde nada es gratis y la ingenuidad no tiene cabida.

Son cuatro años perdidos entre el anuncio del Pacto Verde Europeo y el anuncio de su Plan Industrial. Nunca es tarde si la dicha es buena y, sobre todo, si se aprende la lección. Reducir emisiones es una tarea compleja que requiere fondos públicos para apoyar aquellas tecnologías que permiten, o permitirán, que nuestras sociedades funcionen sin enviar toneladas de dióxido de carbono a la atmósfera y que aún no son competitivas. El dinero público tiene que enfocarse en la investigación y desarrollo de nuevas tecnologías de cero emisiones y en la generación de inversión privada en aquellas otras que, estando disponibles, no han sido capaces aún de generar las economías de escala necesarias para abaratar sus costes. Es necesaria una acción pública, limitada en el tiempo, pero claramente enfocada en estas dos líneas de acción, cuya convergencia tiene que ser la reducción de emisiones. Ésta debe ser la orientación única de los fondos disponibles.

La financiación de las economías emergentes

Alcanzar el umbral de emisiones netas cero en 2050 requiere inversiones anuales situadas entre el 5 y el 10 % del PIB. Más cerca del 5 % en las economías desarrolladas y más cerca del 10 % en las que no lo están. En 2023, los PIB de Estados Unidos y de la Unión Europea fueron de 25,3 y 14,4 billones de euros, respectivamente. En la mayor de las estimaciones, las inversiones directas e inducidas por la IRA norteamericana ascienden a 3 billones. El 5 % de su PIB son 1,27 billones. Apenas da para dos años y medio. Un cálculo similar puede hacerse para la parte de los fondos Next Generation europeos dedicada a la transición energética. Cifras que nos parecen espectaculares apenas dan para empezar.

La primera reflexión es que los escenarios de emisiones netas cero en 2050 son difícilmente alcanzables, aun contando con la capacidad económica de los países más ricos del mundo. Para los países más pobres, el análisis debería partir de la premisa de que lo último que les preocupa, salvo para aquellos cuyo territorio son islas de escasa altura sobre el nivel del mar, es reducir las emisiones. Su prioridad es quizás la contraria: ser capaces de emitir dióxido de carbono, porque significaría que son capaces de ofrecer a sus ciudadanos un suministro de energía permanente.

Otra cuestión relevante es la dimensión del problema. Los sesenta países que forman parte de la Investment Development Association del Banco Mundial, entre los que se encuentran las economías menos desarrolladas,[60] suman, entre todos, un PIB inferior al de España.

Si nuestras emisiones son un 1 % de las emisiones mundiales y se considera la existencia de una correlación entre PIB y emisiones, la conclusión es que lo mejor que se puede hacer con estos países es dejarlos tranquilos. Bastante tienen con lo suyo. El esfuerzo económico no tiene sentido. Dicho esto, no es posible olvidar que alguno de estos países, como los insulares o, por ejemplo, Bangladés, necesitan desesperadamente invertir no ya en mitigación, sino en adaptación al cambio climático. Un país llano, cuyo territorio es el mayor delta fluvial del mundo, en la desembocadura del Ganges y del Brahmaputra, necesita estar preparado para las inundaciones costeras, cada vez más recurrentes en un mundo que se sigue calentando.

El compromiso incluido en el Acuerdo de París consistía en que los países ricos aportarían anualmente a los países menos desarrollados 100.000 millones de dólares para que afrontaran las inversiones necesarias —de mitigación o de adaptación— para luchar contra el calentamiento global. Es un compromiso que en los nueve años transcurridos desde la firma de París nunca se ha cumplido, aunque parece que ya estamos cerca. Si la cifra se alcanzara y la ayuda se circunscribiera a los 60 países más pobres, éstos recibirían cada año un importe equivalente al 7 % de su PIB, lo que los situaría en la línea no de conseguir la neutralidad climática en 2050, pero sí, quizás, una década más tarde. Sin embargo, ni los 100.000 millones de dólares están ni es

60. Clasificación de los países elaborada por el Grupo Banco Mundial según los niveles de ingresos para el año fiscal 24 (1 de julio de 2023-30 de junio de 2024). La lista completa de países se encuentra en <https://datahelpdesk.worldbank.org/knowledgebase/articles/906519-world-bank-country-and-lending-groups>.

posible pensar que se transfieran sin una vinculación a proyectos concretos ni parece tampoco que pueda limitarse el ámbito de los receptores a estos 60 países.

La idea más pertinente sería encontrar una fuente continua de recursos que permitiese financiar las necesidades inversoras de las economías menos desarrolladas. Una posibilidad es contar con la capacidad de absorber dióxido de carbono de las selvas tropicales. Un país como Liberia podría tener, en estos momentos, unas emisiones netas negativas. Sus emisiones estarían más que compensadas por la absorción de dióxido de carbono de sus selvas. El saldo negativo podría venderlo a empresas o países que tienen que reducir sus emisiones. Obtendría un flujo de ingresos recurrente y un incentivo a mantener su masa forestal. El inconveniente es que los compradores pierden el incentivo a invertir en descarbonizar su actividad. Puede solucionarse limitando el volumen relativo de estos créditos en el balance de los compradores, de forma que, por ejemplo, no puedan superar nunca el 5 % de los derechos de emisión que una empresa europea tiene que compensar al cierre de cada año. No obstante, hay que reconocer que todo este ejercicio requeriría una autoridad de control supranacional que diese su visto bueno a los balances nacionales y a las transacciones efectuadas. La doctrina básica de Naciones Unidas es que ningún país puede ver constreñida su soberanía.

Otra solución de la que se empieza a hablar es la posibilidad de establecer un impuesto o recargo a las transacciones internacionales de petróleo, gas y carbón. Dicho recargo debería servir para nutrir los fondos que habría que transferir a las economías emergentes para financiar sus transiciones energéticas. La siguiente cuestión es si el hecho imponible es producir, vender o exportar. Los sujetos pasivos son diferentes en cada caso. Estados Unidos es el primer productor de petróleo del mundo y el mayor exportador de gas. Sin su acuerdo no es posible avanzar y es dudoso que acepte, ni en este año electoral ni en los siguientes, un recargo de este tipo, que, a fin de cuentas, siempre acaban pagando los consumidores.

Conviene recordar que el Acuerdo de París fue posible porque se aceptó que la mayor responsabilidad de las economías desarrolladas en la acumulación de dióxido de carbono en la atmósfera se compensaba con un mayor esfuerzo y celeridad en la descarbonización de sus economías y en el apoyo financiero a las economías menos desarrolladas que, a cambio, aceptaban avanzar también en la reducción de emisiones. Cualquier vía que se utilice tiene problemas y dificultades, pero es una cuestión que antes o después habrá que solucionar.

Garantías de origen. Hacia una economía del dióxido de carbono

En la Directiva 2018/2001 de la UE sobre fuentes renovables de energía se crearon las garantías de origen. Consisten en una certificación, con respaldo administrativo oficial, sobre el origen renovable de una determinada energía, ya sea electricidad, hidrógeno o cualquier otro gas renovable. Estas garantías se pueden comercializar por separado del producto que las ha generado. Un productor de biometano puede inyectar en la red de gas natural su producto al precio de mercado del gas y vender, aparte, a un consumidor interesado en reducir sus emisiones, la garantía de origen de su gas al precio al que estas garantías estén cotizando. Cuando un consumidor eléctrico quiere garantizar que la electricidad consumida es renovable, le basta con comprar las correspondientes garantías de origen y seguir consumiendo con normalidad de la red. Es un sistema que provee de una financiación complementaria a los inversores en producción renovable y permite a los consumidores, a cambio de una contraprestación, autoasignarse una producción renovable.

La directiva de eficiencia energética, por su parte, establece la creación de los CAES, *certificados de ahorro energético* que, convenientemente acreditados, pueden venderse a las empresas obligadas a contribuir al Fondo de Eficiencia Energética, cuya aportación económica puede sustituirse por CAES adquiridos en el mercado. De nuevo, se trata de garantizar al inversor en cualquier proceso que reduzca el consumo energético una rentabilidad adicional a la del propio ahorro.

Estas garantías y certificados se expresan en unidades de energía. Deberían poder expresarse en términos de emisiones de dióxido de carbono ahorradas. De esta forma, todas las garantías y certificados serían intercambiables y todos tendrían un mismo valor. Los mercados son más eficientes cuanto mayor es el número de oferentes y demandantes. La idea es seguir ampliando el número de demandantes de derechos a través de la ampliación a otros sectores del sistema ETS europeo. Más oferentes ayudarían a dar liquidez al mercado y a que el precio de los derechos de dióxido de carbono se uniformizara a través de sectores y países. La conversión de unidades de energía a emisiones de dióxido de carbono puede efectuarse a través de la intensidad en carbono de la generación eléctrica, tanto para los productores como para los demandantes. Si una empresa conectada a la red eléctrica quiere acreditar que su electricidad es limpia, tendría que comprar derechos equivalentes a su consumo por la intensidad en carbono de la electricidad. De esta forma se evitarían inconsistencias como las derivadas de intentar acreditar que el consumo eléctrico nocturno de una industria no genera emisiones, gracias a la compra de garantías de origen fotovoltaicas, que sólo se generan cuando luce el sol.

Los fenicios ya inventaron el dinero como forma de facilitar los intercambios y, con ellos, el crecimiento económico. Si el objetivo es reducir las emisiones de dióxido de carbono, necesitamos un precio de dióxido de carbono y que todo aquel que contribuya a reducir emisiones, lo haga de la forma que sea, pueda beneficiarse de ese precio. Es una forma de garantizar que la rentabilidad de las inversiones en reducir emisiones, que es lo que efectivamente se necesita, es lo más alta posible en función del beneficio social que aportan. Cierto es que, según vaya reduciéndose la intensidad en carbono de la generación eléctrica, se reducirá el número de derechos generados, pero es correcto que sea así, porque lo relevante no es consumir menos energía, sino que la energía que se consuma sea libre de emisiones.

5

Los actores

China

La historia de la China moderna arranca con la revolución de 1911, que puso fin a siglos de reinado de los emperadores. China había perdido las llamadas guerras del Opio contra las potencias occidentales en 1839-1842 y 1856-1860. Como consecuencia, se había visto obligada a ceder Hong Kong a los británicos y a abrir ochenta puertos a la importación de bienes extranjeros. Entre 1894 y 1895 había perdido la guerra con Japón por el control de Corea. En Japón, a mediados del siglo XIX, había triunfado la Restauración Meiji, que, bajo la autoridad del emperador, había acabado con el régimen feudal. En 1871-1873, el gobierno japonés envió a Estados Unidos y Europa la Misión Iwakura con la finalidad de estudiar los avances científicos y técnicos que estaban teniendo lugar en Occidente. Resultado de esta misión fue el decidido esfuerzo de modernizar el país, esfuerzo que se conoce con el nombre de Revolución Meiji. China optó por el ensimismamiento del régimen imperial, que la condujo a la derrota frente a Japón.

En los años veinte del siglo pasado, las fuerzas políticas chinas se fueron agrupando en torno al Partido Nacionalista y al Partido Comunista, apoyado por la triunfante Unión Soviética.

A principio de los años treinta, en un esfuerzo por controlar el país, el ejército nacionalista avanzó desde el sur. Los comunistas se vieron obligados, en un episodio luego conocido como la Larga Marcha, a huir hacia el norte. En paralelo, Japón invadió Manchuria en 1931 y, seis años más tarde, en 1937, invadió China. En Europa consideramos que la Segunda Guerra Mundial empezó en septiembre de 1939, cuando Alemania invadió Polonia, pero en China las hostilidades habían comenzado años antes. Tras la derrota de Japón en 1945, nacionalistas y comunistas se disputaron el territorio. La guerra civil duró cuatro años. En 1949, los comunistas se impusieron. El ejército nacionalista se refugió en la isla de Taiwán, donde crearon un gobierno independiente, democrático y fiel defensor de la economía de mercado. La República Popular China, como la conocemos hoy, nació, por tanto, en 1949. Durante los primeros treinta años de su existencia mantuvo un régimen comunista clásico aderezado por las ocurrencias del dictador Mao Zedong. Entre estas ocurrencias hay que citar el Gran Salto Adelante, que quería transformar la producción agraria a partir de la creación de cooperativas autárquicas, que se autosuministraban la maquinaria y herramientas que necesitaban para las labores agrícolas. El experimento se saldó con una hambruna generalizada y decenas de miles de muertos. La Revolución Cultural supuso generalizar la represión política tras el fiasco del Gran Salto Adelante. Cualquier amago de oposición a Mao fue apagado con la excusa de evitar el aburguesamiento. Las universidades estuvieron cerradas durante diez años. Treinta años después del triunfo comunista, China era un país pobre de solemnidad.

Tras la muerte de Mao y el breve mandato de su designado sucesor, se hizo con el poder Deng Xiaoping, el auténtico arquitecto de la China moderna. Transformó profundamente la economía introduciendo reformas liberales en todos los ámbitos. Atrajo la inversión extranjera en determinadas zonas, se permitió el trabajo autónomo para la creación de pequeñas empresas y la asignación individual de terrenos agrícolas y de su producción. Las empresas serían las únicas responsables de sus ingresos y gastos. Se adoptó como criterio básico que la gran diferencia entre capitalismo y socialismo no es si la economía es planificada o no, sino si existe o no la propiedad pública de las empresas. El objetivo del socialismo no es el igualitarismo, sino la prosperidad común.

Las reformas fueron un éxito absoluto. Combinadas con una estabilidad macroeconómica, propiciaron años de crecimiento económico a un ritmo impensable. La efervescencia social derivada de las mejoras en las condiciones de vida motivó manifestaciones en defensa de reformas democráticas, que fueron duramente reprimidas. La entrada del ejército en la plaza de Tiananmén, donde acampaban los manifestantes, produjo un número indeterminado de muertos y heridos. El mensaje era claro: la autoridad omnímoda del Partido Comunista no podía ser discutida. Tras algunas vacilaciones, las reformas económicas siguieron su curso y continuaron produciendo grandes resultados. Nadie ha vuelto a reclamar reformas democráticas. Hong Kong volvió a ser parte integrante de China una vez acabado el arrendamiento acordado en el siglo XIX. Pese a que en la negociación con el Reino Unido sobre la devolución del territorio se habló de «un país, dos sistemas», los habitantes del antiguo enclave británico tienen claro que sus libertades democráticas pertenecen al pasado.

La ideología política del Partido Comunista de China es tributaria de todo el devenir de las décadas que precedieron a su llegada al poder. Es tributaria de las humillaciones sufridas por su falta de poder económico, de la desmembración de su territorio, de su desconfianza profunda ante las potencias occidentales, de la ausencia de proyección exterior, de los errores derivados del olvido de la economía de mercado, en la que reconoce la fuente de poder de Estados Unidos. Son lecciones aprendidas para ahormar una filosofía de poder, una filosofía que le permite proyectarse hacia el mundo y competir y reafirmarse ante ese Occidente que, hasta el ascenso de China como gran potencia mundial, hacía y deshacía a su antojo en un mundo del que había desaparecido la Unión Soviética, su gran contrapeso desde 1948.

Un error común es considerar que el sistema económico chino es homologable con las economías de mercado occidentales. El capitalismo de Estado chino obvia las restricciones financieras en el desenvolvimiento de sus empresas cuando considera que sus actuaciones contribuyen a acrecentar el poder económico chino. Pensar que compiten en igualdad de condiciones con las empresas occidentales es una ingenuidad. El ingreso de China en la Organización Mundial de Comercio, en el marco de la globalización de los flujos comerciales internacionales, supuso un impulso adicional a su crecimiento económico. Una transferencia de riqueza desde el mundo desarrollado hacia una economía que quería convertirse en el taller industrial del mundo. Transferencia de riqueza que supone, se mire por donde se mire, transferencia de poder.

El Partido Comunista chino es un partido profundamente nacionalista. Considera, con razón, que el peso de China en el mundo es directamente proporcional a su riqueza económica. Detrás de cada decisión que toma el gobierno o sus grandes empresas, hay una ecuación de poder que es necesario entender antes de intentar alcanzar algún tipo de entendimiento o acuerdo. Siempre se ha dicho que, si China estimulara su consumo privado, se reduciría el desequilibrio a su favor en la balanza comercial mundial. La ecuación de poder que rige sus decisiones no le pide esa reorientación económica y su sistema dictatorial le permite prescindir de la maximización del bienestar de sus ciudadanos.

China es hoy la segunda economía del mundo tras Estados Unidos. Hay quien sostiene que sólo es cuestión de tiempo que alcance el liderazgo. Si el crecimiento económico depende de la población y de la productividad y la población china cuadruplica la de Estados Unidos, en esta época de convergencia tecnológica, sólo cabe esperar que la productividad china crezca lo suficiente como para que el PIB chino supere al estadounidense. De ahí las sucesivas prohibiciones norteamericanas de exportar a China material tecnológico sensible. También es cierto que la pulsión dictatorial de las autoridades chinas puede mermar el desarrollo del país. Su afán por controlar sus empresas tecnológicas puede cercenar la innovación en un sector que será clave en el crecimiento de la productividad de todos los sectores de la economía.

El control efectivo de las empresas chinas sobre buena parte de la cadena de valor de muchas industrias era un hecho desde hace años. Dos factores han contribuido a que hoy sea una cuestión pública: el primero fue el distinto ritmo de apertura de las diferentes economías tras la pandemia. La más restrictiva política de confinamientos china dejó sin suministros intermedios a buena parte de la industria occidental. El segundo factor fue la constatación del control abrumador de la industria de China sobre todas las tecnologías que podían contribuir a la reducción de emisiones. Desde los paneles fotovoltaicos a las baterías, pasando por el control de la extracción y el proceso de los minerales necesarios para la fabricación de baterías. Electrolizadores y vehículos eléctricos completan su dominio. Abordar alegremente el proceso de descarbonización significaba ponerse en las manos de China. Mayor transferencia de riqueza y de poder.

La liberalización de flujos comerciales es fuente de progreso. Todo el mundo produce en función de sus ventajas competitivas. Los precios se reducen. De hecho, hemos vivido años de inflación muy reducida. El capitalismo de Estado chino obvia las limitaciones financieras presentes en cualquier economía de mercado. Se puede perder dinero hasta construir las economías de escala que permiten reducir costes hasta controlar el mercado mundial. Es la ecuación de poder. Si además se dispone de una energía barata y nacional como el carbón —aunque genere elevadas emisiones—, la ventaja competitiva se incrementará en la medida en que sus competidores, como los europeos, no tengan acceso a fuentes autóctonas de energía.

No es posible pasar por alto que la tarea global de reducir las emisiones de dióxido de carbono requiere la participación entusiasta del primer emisor del planeta. Las emisiones chinas suponen el 31 % de las emisiones totales. Emite más dióxido de carbono que Estados Unidos, la Unión Europea y la India juntos. China consume el 14,3 % del petróleo que se consume en el mundo, el 9,5 % del gas y, lo más importante en términos de emisiones, el 54,8 % del carbón. El 61 % de su electricidad se genera con carbón. En 2022, cada kilovatio hora generado en China supuso una emisión de 531,15 gramos de dióxido de carbono a la atmósfera. Cada kilovatio producido en España supuso casi la mitad:

273 gramos de dióxido de carbono. Cada vez que importamos cualquier producto de China estamos importando emisiones.

El compromiso internacional de China es que alcanzará el nivel de emisiones netas cero en 2060, diez años más tarde que la UE y que los Estados Unidos de Biden. La otra referencia publicitada es que alcanzará su pico de emisiones en 2030. La transición energética en China se enfrenta a dos grandes dificultades. La primera es el tamaño. China tiene que incorporar cada año una potencia eléctrica equivalente al consumo de España. Es el mayor inversor del mundo en renovables y nuclear, pero le resulta muy difícil reducir la dependencia del carbón en un marco anual de incremento de la demanda eléctrica de la magnitud citada. La segunda dificultad es la dependencia del exterior. En números redondos, China importa el 85 % de sus necesidades de petróleo, el 40 % de sus necesidades de gas y el 6,5 % de sus necesidades de carbón. Estratégicamente, abandonar el carbón les plantea problemas de dependencia del exterior. Sustituir el carbón por el gas, proceso lógico por el que han pasado casi todas las economías occidentales, les resulta complicado: los tres grandes exportadores mundiales son Estados Unidos, Catar y Australia. Han firmado un contrato a largo plazo con Catar, pero depender de Estados Unidos o Australia no les entusiasma. La decidida apuesta china por el coche eléctrico tiene más que ver con su afán por reducir su dependencia del exterior que por descarbonizar.

La imprescindible negociación climática con China será más fácil si se produce en un marco de entendimiento con Estados Unidos. Taiwán será la piedra de toque fundamental. Las escaramuzas comerciales en forma de subida de aranceles y otras medidas de efecto equivalente que restrinjan los flujos comerciales bilaterales parece que serán una realidad continua que no ayudará. Europa tiene que encontrar su sitio entre ambos, sabiendo que su principal activo ante China es su mercado. Mantener la apertura de nuestro mercado sin equilibrar ni las condiciones financieras ni las climáticas de la producción industrial china supone seguir transfiriendo riqueza y poder.

Orientar las negociaciones de forma parcial, a través de posibles acuerdos por sectores industriales, podría ser una forma práctica de abordar una negociación multilateral que se antoja compleja. Los acuerdos parciales fuera del foco político pueden constituir una fórmula de avance en la que las empresas aporten conocimiento y criterio y eviten, en la medida de lo posible, el escenario político. Sobre bases no discriminatorias, la libertad comercial es el mejor motor de progreso económico.

Estados Unidos

La victoria demócrata en las elecciones presidenciales de noviembre de este año 2024 supondría la continuidad de las políticas seguidas hasta ahora, de las que la IRA es el mejor exponente. Es posible, aunque poco probable, que se produzca una aceleración de determinadas políticas, como las dedicadas al control de las emisiones de metano, tanto en la producción de petróleo y gas como en el transporte de gas y en las plantas de licuefacción. La reciente moratoria sobre los permisos para la construcción de nuevas plantas de licuefacción de gas responde a una preocupación en esa línea.

La campaña de Trump se asienta sobre los problemas de inmigración ilegal en la frontera sur, y en culpar a las políticas climáticas de Biden de la subida de los precios de la energía. Su propuesta estrella es bajar el impuesto de sociedades al 15 % e imponer una tasa a todas las importaciones a Estados Unidos del 10 %. Una victoria trumpista eliminaría cualquier cortapisa a la actividad de la industria energética norteamericana, si es que existe alguna, porque con el actual presidente se han batido todos los récords de producción de petróleo y gas en Estados Unidos. En su anterior mandato, Trump excluyó a Estados Unidos del acuerdo de París. Forma parte de lo posible que repita la jugada y, en consecuencia, que derogue la IRA, por carecer de objeto, y trate de apuntarse el tanto de la reducción del gasto público. El problema que tiene es que la mayor parte de las inversiones generadas por los créditos fiscales de la IRA se concentran en estados de mayoría republicana. Es posible la adopción de cualquier posición intermedia.

Las grandes incógnitas de una hipotética presidencia de Trump son sus posiciones en política exterior. Puede acabar con la guerra en Ucrania por el expeditivo sistema de dejar a Ucrania sin ayuda, puede abandonar la OTAN o puede llevar el enfrentamiento con China más allá del ámbito comercial y tecnológico. Nadie es capaz de predecir sus decisiones.

Las emisiones de Estados Unidos descienden con cierta lentitud desde los primeros años de este siglo. Es una consecuencia más del *fracking* y del consecuente incremento de la producción de gas, que ha sustituido al carbón en la generación eléctrica. Las emisiones estadounidenses constituyen el 14 % de las emisiones mundiales. En resumidas cuentas, son menos de la mitad de las emisiones de China. Ambos países suman el 45 % del dióxido de carbono que cada año el mundo envía a la atmósfera. En un marco de rivalidad creciente entre ellos, una posibilidad es la ausencia de cualquier tipo de acuerdo, pero otra es que mantengan la cuestión climática como cordón umbilical de entendimiento entre las dos potencias. Dicho esto, Trump nunca aceptará medida alguna que pueda suponer, ni por asomo, un encarecimiento de los precios que los norteamericanos pagan por su energía. Tampoco es posible pensar en Estados Unidos como un país monolítico. Es un país polarizado, fracturado en dos mitades, con un sistema electoral en el que prima el territorio sobre la población. Gane quien gane, una notable parte de la población estadounidense percibe el calentamiento global como un riesgo que hay que atajar. En un país democrático, antes o después, las políticas públicas tienden a alinearse con la opinión pública. El negacionismo radical sobre la influencia humana en el ascenso de las temperaturas medias es difícilmente sostenible a largo plazo. Los cuatro años del mandato presidencial constituyen, en esta materia, un plazo más bien corto.

La Unión Europea

El modelo político de la Unión Europea ha colapsado. Comprar energía barata a Rusia, profundizar la relación comercial con

China y recabar la protección militar de Estados Unidos es una combinación perfectamente insostenible en los tiempos que corren.

Europa tiene que resolver algunas cuestiones vitales para su proyección futura. La primera es la defensa. La pregunta clave es si Europa, sin la ayuda norteamericana, sería capaz de sostener a Ucrania en su guerra contra Rusia. Si la respuesta, como parece, es negativa, habría que replantearse la política militar del bloque europeo, tanto desde el punto de vista presupuestario como de las capacidades militares efectivas sobre el terreno. La segunda es su capacidad de innovación. Europa está fuera de juego en inteligencia artificial y en la industria de los semiconductores va por detrás de Estados Unidos, Corea del Sur y Taiwán. La competitividad de la economía europea requiere una transformación *a la americana* de todo el ecosistema de innovación. Se necesitan unas universidades más orientadas a las patentes que a la publicación. Más capaces de entenderse con el mundo empresarial, de desarrollar proyectos conjuntos y de plantear nuevas iniciativas. Europa necesita un sistema financiero más ágil, versátil y profundo, capaz de sostener iniciativas empresariales embrionarias, aunque su posibilidad de éxito no esté garantizada.

El afán por liderar la lucha contra el calentamiento global cuando sus emisiones son sólo el 7 % de las emisiones mundiales y cuando presentan una senda descendente desde hace cuarenta años, junto a una política diseñada a partir del incremento de costes de las emisiones y de la fijación de objetivos de obligado cumplimiento sin considerar un análisis coste-beneficio de las normas aprobadas, ha colocado a la Unión Europea en la disyuntiva de optar por la competitividad industrial o por mantener su política climática. El mejor exponente de esta disyuntiva es la comparación del paquete Objetivo 55 con el Plan Industrial del Pacto Verde europeo. La disyuntiva no tendría por qué plantearse si la política europea de reducción de emisiones se pareciera mucho más a la norteamericana: lo importante es garantizar la rentabilidad de las inversiones en tecnologías que reduzcan emisiones y que aún no hayan alcanzado el umbral de rentabilidad.

Segunda idea: las ayudas a la rentabilidad se calculan en función del volumen de las emisiones que se reducen. Se entiende mejor con un ejemplo. La norma europea dice que en 2030 el 42 % del hidrógeno industrial debe ser hidrógeno verde, cuyo coste es entre tres y cinco veces el coste del hidrógeno que hoy se produce. Uno de los usos más relevantes del hidrógeno es su empleo en la fabricación de amoníaco, materia prima de la industria de fertilizantes. En los seis años que faltan hasta 2030 no se esperan reducciones relevantes de costes de los electrolizadores para la fabricación de hidrógeno verde. En 2030, por tanto, si se cumple la norma europea, el coste de nuestros fertilizantes se habrá multiplicado al menos por dos. En China, cuyo plan es seguir incrementando sus emisiones hasta al menos 2030, seguirán contando con fertilizantes baratos que podrán exportarnos. En Estados Unidos caben dos opciones: producen hidrógeno con emisiones a coste similar al chino o lo producen sin emisiones, también a bajo coste, gracias al crédito fiscal de que disponen. Sea cual sea la opción, las empresas norteamericanas estarían en condiciones, al igual que las chinas, de exportar a Europa. La solución para Europa es la desaparición de su industria de fertilizantes o un impuesto en frontera que iguale los costes. Se salva la industria de fertilizantes, pero trasladamos el problema de competitividad a la producción agraria.

Europa no debe abandonar los esfuerzos en reducir emisiones de dióxido de carbono, pero debe replantearse si la política seguida hasta ahora es la más adecuada. Las restricciones técnicas y económicas que impiden la disponibilidad de un hidrógeno verde barato sólo pueden solventarse con tiempo e inversiones que permitan los desarrollos tecnológicos necesarios para resolver las restricciones existentes. Si se consigue, la norma europea tendrá sentido. En estos momentos, fijar la norma y que las empresas se apañen es una política nociva.

Europa debe seguir manteniendo la libertad comercial con el exterior como elemento esencial de su política, pero debe asegurarse de que la competencia se plantea sobre bases homogéneas. La homogenización de las políticas climáticas o de los costes que suponen debe ser, en estos momentos, una prioridad indeclinable. Salvada esta cuestión, libre comercio con todo el mundo. Es posible que la beligerancia creciente entre Estados Unidos y China obligue en algún momento a tener que reducir lazos comerciales con China. No sería deseable, pero, obligados a optar, Europa no puede alejarse de las posiciones norteamericanas.

¿Más Europa o menos Europa? En el mundo que viene, si se quiere tener peso específico en la escena internacional, más Europa es la única respuesta posible. La pregunta subsiguiente es: ¿qué Europa? Dadas las circunstancias, la preocupación es que Europa siga empeñada en una política ecologista a ultranza que olvida las restricciones técnicas y económicas del suministro de energía. Tenemos que reducir emisiones para evitar pérdidas futuras de nuestro PIB, pero no tiene sentido hacerlo a costa de incurrir en pérdidas presentes de PIB.

Otros grandes emisores

Las emisiones de China, Estados Unidos y la Unión Europea sumadas a las de la India, Japón y Corea del Sur suponen el 60 % de las emisiones mundiales. Sería mucho más práctico tratar de alcanzar un acuerdo entre estos seis actores que continuar con la agotadora y poco práctica dinámica de las conferencias anuales de todos los países firmantes, a las que asisten 40.000 personas, entre miembros de delegaciones, observadores y medios de comunicación. Seis actores que, además, centralizan muy buena parte de la industria mundial, sobre todo de aquellos sectores cuyas emisiones son más difíciles de reducir. Un acuerdo entre ellos, precisando plazos y sendas de reducción en las industrias del cemento, hierro y acero y la química sería la forma más práctica de avanzar en una reducción de emisiones equitativa para este club de grandes emisores.

Un segundo bloque de países serían los exportadores de combustibles fósiles. Miembros de la Organización de Países Exportadores de Petróleo (OPEP+) más Australia, Canadá, Sudáfrica y Colombia. Son unos veinticinco países, cuyas emisiones suman algo más del 20 % de las emisiones mundiales. Aunque no todas sus emisiones están directamente relacionadas con la producción de combustibles fósiles, buena parte de ellas se reducirían al disminuir sus producciones. En la última COP se consideró un éxito que todos estos países aceptaran que el comunicado final mencionara la necesidad de transitar desde los combustibles fósiles a otro tipo de energías.

A priori, ponerse de perfil puede resultar una posición inteligente. Según pase el tiempo, los países productores de combustibles fósiles tendrán que conjugar, gradualmente, tres variables: precio, volumen de producción y evolución de la demanda. La ventaja corresponde a aquellos cuyos costes de producción sean más bajos. Nadie duda, por ejemplo, que el último barril de petróleo que se producirá en el mundo, dentro de muchas décadas, será un barril saudita. Para la reducción de emisiones no estaría de más que todos los países productores de petróleo y gas se comprometieran a reducir sus emisiones de metano en la producción de petróleo y gas, pero el elemento clave estará en la demanda mundial. Si disminuye, antes o después bajarán los precios y se reducirán las inversiones. La producción, y con ella las emisiones, será, como siempre, una variable dependiente de la demanda. De momento, la esperada reducción de la demanda va para largo.

Junto a los países productores, las grandes compañías petroleras y gasistas tienen también un papel relevante que jugar. Su estrategia está centrada en reducir las inversiones en exploración y producción, adquirir reservas a través de la adquisición de otras compañías, incrementar la retribución al accionista a través de subida de dividendos y recompra de acciones y, en menor medida, y sobre todo en Europa, invertir en energías alternativas. Desde que se empieza a explorar en busca de petróleo hasta que termina la explotación del hipotético descubrimiento pueden pasar treinta años. En 2054, la demanda de petróleo debe haber empezado a declinar. Ésta es la razón por la que se reducen las inversiones en exploración y las grandes compañías prefieren el crecimiento inorgánico a través de la compra de otras compañías. Una generosa retribución al accionista hace olvidar cualquier prurito de invertir según criterio ESG que pudiera surgir. Se invierte con moderación en energía renovable porque el retorno al capital es inferior al que el sector financiero le solicita a la industria del petróleo.

Conviene no olvidar que los yacimientos de petróleo y gas tienen un declino natural. Según el tipo de hidrocarburo, la producción desciende entre un 3 y un 7 % anual. Es una tendencia reversible si se invierte en lo que se llama recuperación secundaria. Consiste en incrementar la presión del yacimiento a través de la inyección de agua o, incluso, de dióxido de carbono. Si la industria dejara de invertir en reducir el declino de los yacimientos existentes y también dejara de invertir en la búsqueda de nuevos yacimientos iríamos derechos al desastre. Incluso en los escenarios más rigurosos de reducción de emisiones de la AIE o del IPCC, que limitan el incremento de temperatura a 1,5 °C o que pretenden alcanzar emisiones netas cero en 2050, la demanda de petróleo y de gas serían muy superiores a la producción prevista sin inversiones. Con demanda muy superior a la oferta los precios se dispararían y, con ellos, la inflación y los tipos de interés. Para la inversión en renovables, intensiva en costes de capital, una subida de los tipos de interés es de las peores noticias. Al final, como siempre, el mercado procederá a los ajustes correspondientes. Las mismas empresas que se han adaptado reduciendo inversiones y consolidando el sector irán modulando sus inversiones para adecuar, según su criterio, oferta y demanda. Ni tiene sentido intervenir mercados ni tiene sentido denegar la financiación de inversiones dedicadas a la producción de combustibles fósiles.

Otros países

Además de los sesenta países menos desarrollados del mundo, a los que se ha hecho referencia al hablar de la financiación, queda un número importante de países que irán adaptando sus ritmos de descarbonización a los avances tecnológicos disponibles. Aunque en este grupo haya países con un grado de desarrollo económico medio, no puede pedírseles que inviertan hasta que las tecnologías de emisiones cero sean rentables por sí mismas.

Algunos de estos países tienen condiciones naturales como para exportar a economías desarrolladas hidrógeno u otro tipo de combustibles renovables. Chile, Namibia o el mismo Marruecos son posibles candidatos. Son países que pueden obtener un cierto beneficio de la transición energética. Lo que no puede olvidarse es que en muchos de estos países existen bolsas de pobreza, o son países pobres, donde no se puede hablar de electrificar la cocina porque cocinan con leña o, simplemente, hay zonas donde no tienen acceso a la electricidad. Son países como Kenia o Bolivia, donde núcleos urbanos con un nivel adecuado de servicios y oferta energética conviven con zonas rurales carentes de todo servicio público, incluido el suministro de combustibles o electricidad. A pesar de que el desarrollo económico de todos estos países va progresando, no tiene sentido hablar de transición energética donde no hay energía. El primer objetivo es disponer de energía, aunque genere emisiones. En una concepción global de la reducción de emisiones será necesario considerar incrementos de la captura de dióxido de carbono a través de la reforestación o por procedimientos industriales para equilibrar las emisiones derivadas del incremento de consumo de países en vías de desarrollo.

Empresas y ciudadanos

Guste o no, al final, son nuestras decisiones microeconómicas las que terminarán por dibujar el perfil definitivo de la transición energética. Desde los poderes públicos siempre se plantea la posibilidad de establecer prohibiciones, desde los viajes aéreos de distancia inferior a 1.000 kilómetros a circular con vehículo propio por el centro de las grandes ciudades o la matriculación de coches equipados con motores de combustión interna. También se baraja la prohibición de las calefacciones que utilicen combustibles fósiles en un plazo aún por determinar.

Sugerir y, en su caso, incentivar es siempre mejor que prohibir y multar. Si se estimula la competencia en las líneas férreas de alta velocidad y bajan los precios de los billetes no hará falta prohibir ningún vuelo de corta distancia. Las líneas aéreas recortarán de forma notable las frecuencias de vuelo en cada recorrido que compita con el tren. Transporte más barato y menos emisiones, todos contentos.

A la hora de incentivar inversiones en coches eléctricos o bombas de calor es relevante evitar una redistribución inversa de la renta. Los coches eléctricos son todavía hoy un 50 % más caros que los modelos equivalentes de gasolina. Una bomba de calor triplica el coste de una caldera de gas. Si se diseñasen ayudas públicas para la compra de este tipo de bienes, deberían acceder a ellas sólo personas cuyas rentas fuesen inferiores a un determinado umbral. Se trata de ayudar a quien no puede permitirse determinados bienes, no de hacer más fácil la compra a quien sí puede. En todo caso, si hay incentivos, tienen que percibirse en el momento de la compra, o sea, funcionar como una rebaja automática del precio. Si en el momento de la compra se inicia un expediente administrativo cuya conclusión se producirá en un plazo de dos años y cuya resolución puede ser positiva o negativa, las decisiones de inversión se desligan de la ayuda establecida, que se transforma en una especie de lotería, un ahorro eventual y aleatorio. Así, la finalidad de la ayuda queda desdibujada.

En un sistema democrático siempre es mejor la persuasión que la obligación. Una persuasión convincente requiere delimitar el problema que hay que resolver, explicar los medios disponibles para resolverlo y establecer unas pautas progresivas de aplicación de estos medios para la resolución del problema. Una aproximación muy diferente a la que sufrimos de la mano de los defensores de lo verde o, si se prefiere, de la sostenibilidad, cuando nos cuentan que la solución está en el decrecimiento económico o que reducir las emisiones es tan importante como el bienestar animal, la prohibición de la caza o de los toros o como la consecución de cualquiera de los otros dieciséis objetivos de desarrollo sostenible. El problema se plantea cuando la Agenda 2030 se utiliza como argumento para cambiar de modelo económico o, más aún, de forma de vida. Si el debate opera en esos términos, el rechazo no es sorprendente. Pero reducir emisiones sigue siendo necesario.

Las empresas tienen que invertir en la adecuación de su proceso productivo, pero sus decisiones de inversión tienen que estar avaladas por un retorno esperado positivo. Si no es así, demorarán sus inversiones todo lo que les sea posible. La política de incrementar sus costes a través de la adquisición de derechos de emisión de dióxido de carbono cada vez más caros puede servir de empujón, pero tienen que contar con alternativas, técnica y económicamente viables, a las que agarrarse. Se puede intentar aumentar la presión sobre las empresas a través de la solicitud de información sobre sostenibilidad y emisiones, pero la cuenta de resultados es un pilar inamovible. No es posible invertir para generar pérdidas. Si hay una expectativa razonable de beneficio, la inversión empresarial llegará. La política correcta es la que materializa la rentabilidad de la descarbonización.

6

Ideas finales

Nuevos desarrollos tecnológicos. Plazos y costes

La humanidad ha encontrado siempre la solución a sus problemas en el desarrollo tecnológico. Esta vez no será diferente. Puede ser gracias a tecnologías ya identificadas, a tecnologías existentes a las que se encuentra una aplicación no prevista o por medio de desarrollos tecnológicos hoy inexistentes. Nuevos materiales superconductores pueden suponer, por ejemplo, cambios profundos en el transporte de electricidad o en la fusión nuclear.

La tecnología necesita tiempo. Einstein escribió en 1905 un artículo sobre el posible aprovechamiento de la luz para generar electricidad. La carrera espacial de los años sesenta supuso un impulso importante para la energía fotovoltaica. A finales del siglo pasado, un megavatio hora fotovoltaico costaba 400 euros. Hoy cuesta 30, pero han pasado 25 años y más de 100 desde que Einstein estableció sus bases teóricas. Queremos inundar el mundo de hidrógeno producido a partir de la electrolisis del agua, pero toda la producción industrial de hidrógeno se hace a partir del reformado de gas natural porque es mucho más barato. La tecnología de los electrolizadores, aunque conocida, sólo está recibiendo atención y fondos desde hace menos de una década.

Faltan quince o veinte años para poder —si finalmente se puede— hablar de producir hidrógeno barato a partir de agua y electricidad.

Hay tecnologías ya asentadas que seguirán progresando. El desarrollo de la *generación eólica* se ha apoyado en el crecimiento del tamaño de las turbinas. En tierra, las turbinas más grandes alcanzan una altura —incluidas las aspas— cercana a los 250 metros. Tienen una potencia del orden de 12 megavatios. Lo normal son turbinas algo menores, con una potencia instalada entre 6 y 8 megavatios. Hasta la fecha, la turbina más grande del mundo se ha instalado en el mar, en China, con una potencia de 18 megavatios. Sus palas tienen un diámetro de 280 metros. Producir energía eólica en el mar tiene la ventaja de contar con más horas de viento y el inconveniente de los costes de transmisión a la costa, mayores cuanto mayor es la distancia. El otro problema de alejarse de la costa son las profundidades. Es un problema que puede solucionarse utilizando las técnicas aprendidas de la producción de petróleo en alta mar, esto es, a través de estructuras flotantes sujetas al fondo del mar por procedimientos diversos, según la profundidad y las mareas y corrientes del emplazamiento escogido. El problema de la energía eólica marina es su precio. Se estima que los costes de producción son del orden de 120 dólares por megavatio hora. Las predicciones más optimistas indican que en 2030 los costes pueden haberse reducido entre un 50 y un 60 %. Veremos.

El principal reto de los *paneles fotovoltaicos* es su rendimiento. Apenas un 20 % de la energía recibida del sol se transforma en electricidad. El abaratamiento de la electricidad de origen fotovoltaico se ha debido a la reducción de costes de los paneles, pero no a una mejora de su rendimiento. Una de las ideas más prometedoras en busca de un mayor rendimiento es la sustitución del silicio por perovskitas. Una perovskita es cualquier material que tenga el mismo tipo de estructura cristalina que el titanato de calcio ($CaTiO_3$), conocida como *estructura de perovskita*. Estos materiales son combinaciones de metales, sales como el fluoruro, ioduro o bromuro y oxígeno. Aunque aún tienen problemas ambientales —uno de los metales que se usan en su fabricación y que mejor funciona es el plomo— y de estabilidad, las perovskitas son fáciles de producir y las células solares fabricadas con ellas son potencialmente más eficientes que las de silicio. Podrían abrir el camino a células solares más ligeras, flexibles y transparentes. El objetivo final sería, si se consigue, que todos los cristales de un edificio pudieran generar electricidad (*building-integrated photovoltaics* o BIPV).

La *energía nuclear* clásica está tratando de reinventarse a través de pequeños reactores nucleares (*small modular reactors* o SMR). El problema de las centrales nucleares clásicas son los altos costes de inversión que suponen. Las nuevas centrales que se han construido en Europa y Estados Unidos han intentado solucionar este problema incrementando el tamaño de los reactores. Estos intentos se han saldado, al tratarse de nuevos prototipos, con grandes retrasos en la construcción y enormes sobrecostes. La vía alternativa es construir reactores más pequeños, cuyo tamaño permita la fabricación por módulos, en un mismo emplazamiento, antes de trasladarlos a la ubicación final, donde producirán la electricidad. Se habla de un tamaño de 300 megavatios o, incluso, inferior, frente a los 900 megavatios de tamaño clásico o los 1.600 de los nuevos desarrollos franceses construidos en Europa. El objetivo buscado es la reducción del gasto derivado de la producción en serie. Parece que China tiene en funcionamiento dos reactores de estas características. Rusia cuenta con dos grandes gabarras en las que tiene instalados sendos reactores, pero son modelos más cercanos a los reactores que sirven de propulsores de barcos y submarinos. Al parecer, en ambos casos se han reportado unos factores de carga reducidos. El único proyecto existente en el mundo occidental (NuScale en Idaho, Estados Unidos) ha sido interrumpido por los elevados costes. Se trataba de una asociación de municipios que esperaba contar con electricidad generada a un precio de 55 dólares por megavatio hora. Las últimas estimaciones, antes del abandono del proyecto, hablaban de 120 dólares por megavatio hora. También parece necesario señalar que aún no se ha producido el licenciamiento de ningún reactor de este tipo, por lo que la incógnita sobre el coste final permanece sin despejar.

Otra idea manejada en el ámbito de la fisión nuclear son los reactores alimentados por torio mezclado con sales de flúor fundidas. Este tipo de reactores inicia su funcionamiento con una reacción de fisión clásica con uranio 235. Una vez iniciada, la reacción se mantiene alimentando el reactor con un combustible líquido, fabricado con sales de flúor fundidas mezcladas con torio. Al tratarse de un combustible líquido, cuyo flujo se puede interrumpir y reiniciar, se supone que la reacción nuclear sería más controlable y, lo más importante, no habría residuos: todo el combustible se consumiría, salvo las cantidades reducidas de U-235 necesarias para iniciar la reacción. Esta idea de los reactores de torio ha gozado de cierto predicamento en la India. Al parecer, China ha iniciado la construcción de un reactor de estas características en el desierto de Gobi, que debería empezar a funcionar en 2029. En cualquier caso, no existe todavía un reactor en el mundo de estas características. En consecuencia, ninguna entidad encargada de la seguridad nuclear de ningún país ha otorgado licencia de funcionamiento a una instalación de este tipo, por lo que los problemas técnicos que puedan surgir o los costes finales de construcción son aún una incógnita.

Si el objetivo de la fisión nuclear consiste en producir energía y calor a través de la ruptura de átomos de uranio, el objetivo de la *fusión nuclear* es producir energía y calor a partir de la unión de los núcleos de átomos de hidrógeno. El problema es que los átomos de hidrógeno tienen, además de núcleo, electrones que se repelen entre sí. Para separar los electrones del núcleo y que los núcleos puedan fundirse, es necesario atraer los electrones con campos magnéticos, que requieren para activarse una gran cantidad de energía. Ése ha sido el problema básico de la fusión: se ha necesitado más energía para producir la fusión que la que ha se ha obtenido de ella.

En diciembre de 2022, el laboratorio militar Lawrence Livermore de Estados Unidos anunció que había conseguido un balance positivo entre la energía generada y la energía consumida a través del uso de rayos láser para fundir los átomos de hidrógeno. Al margen de esta nueva vía, la investigación tradicional ha seguido haciendo progresos. La disponibilidad de nuevos imanes superconductores, la inteligencia artificial para predecir el comportamiento del plasma —los electrones separados del núcleo— y la impresión 3D para abaratar la construcción de las cámaras donde se produce la reacción suponen progresos que, al parecer, acercan la fusión nuclear a la realidad.

A principios de los años ochenta del siglo pasado, había reservas de petróleo para treinta años, los mismos que necesitaba la fusión para ser una realidad. Cuarenta años más tarde, queda petróleo para más de medio siglo y la fusión necesita otros treinta años. Aunque hay quien dice que gracias a los avances producidos y a que la inversión privada comienza a fluir, la cuenta atrás ha comenzado: ya quedan veintinueve. Tanto en el caso de la fisión como de la fusión, la idea básica es la misma: el calor producido en la reacción genera vapor que mueve una turbina para generar electricidad.

Generar *energía* a partir del continuo movimiento *del mar* siempre ha sido una idea atractiva. Más allá de la generación eólica marina, olas y mareas son una fuente potencial. Los aprovechamientos más significativos en términos de potencia instalada se ubican en las desembocaduras de algunos ríos, donde se instala un dique con compuertas. Las compuertas se abren cuando sube la marea y se cierran cuando comienza a bajar. Una vez se alcanza la bajamar, se deja salir el agua embalsada a través de una turbina que genera electricidad. Debido a los altos costes de capital y a su impacto ambiental, las posibilidades de desarrollo de esta fuente de energía se consideran limitadas. A través de instalaciones en el fondo marino de turbinas, parecidas a las eólicas de superficie, capaces de girar 180° para aprovechar tanto la subida como la bajada de la marea, puede generarse electricidad. Mantenimiento y coste son los principales problemas.[61]

61. Para los interesados en energía marina puede verse *Innovation outlook: Ocean energy technologies*, <https://www.irena.org/-/media/Files/IRENA/Agency/Publication/2020/Dec/IRENA_Innovation_Outlook_Ocean_Energy_2020.pdf?rev=c5025e856b1f4a4c8eda2b8e5b10c974>.

Se han diseñado distintos artefactos y dispositivos para aprovechar el movimiento de las olas con resultados poco prometedores. En Motrico (Vizcaya) se ha construido un muelle en el que se han perforado dieciséis cámaras por las que penetra el agua del mar. Las olas, al entrar en las cámaras, elevan el nivel del agua. Esta subida del agua mueve una turbina que genera la correspondiente electricidad. El coste total de la instalación, incluido el muelle, fue de 7 millones de euros para una potencia instalada de 0,3 megavatios: más de 23 millones por megavatio instalado. El coste de un megavatio fotovoltaico, todo incluido, se mueve en torno a 650.000 euros.

Hay dos plantas experimentales, una en Japón y otra en Hawái, que generan electricidad en el mar a partir del diferencial de temperatura entre el agua en la superficie y el agua a 1.000 metros de profundidad. El gradiente térmico debe ser superior a 20 °C. El volumen de electricidad que podría generarse es inmenso, pero los costes serían prohibitivos. También existen prototipos que, en lugar del gradiente térmico, utilizan el gradiente salino entre el agua de mar y el agua de un río en su desembocadura. El problema sigue siendo el precio de la electricidad generada.

Las *baterías* son un elemento clave de la configuración de los sistemas eléctricos con alta penetración renovable. Son también indispensables en la electrificación del transporte. Todo vehículo eléctrico necesita baterías para poder circular. La tecnología de ion de litio es la que actualmente domina el mercado. En 2019 se concedió el Premio Nobel a los tres científicos que contribuyeron a su desarrollo: M. Stanley Whittingham, que inició los trabajos en el laboratorio de la Exxon en la primera gran crisis del petróleo; John B. Goodenough, cuya gran aportación fue el cátodo de óxido de cobalto; y Akira Yoshino, quien adaptó para Sony los avances de sus dos colegas. Las baterías de ion de litio se incorporaron a todo tipo de productos electrónicos, pero hoy se emplean también en vehículos eléctricos y, sencillamente, para almacenar electricidad con la que ajustar oferta y demanda eléctrica a lo largo del día.

Una batería consta de un polo positivo o cátodo, un polo negativo o ánodo y un electrolito que separa a ambos por el que circulan los átomos de litio cargados negativamente (más electrones que protones) o positivamente (menos electrones que protones). El ánodo tiene cobre y grafito. El cátodo admite distintas combinaciones: puede ser de cobalto y litio, manganeso y litio, níquel, manganeso y cobalto o de litio, hierro y fósforo. El electrolito es líquido, formado por sales de litio y disolventes. Los avances que se pretenden en las baterías van encaminados a mejorar su densidad energética, alargar el ciclo de vida, acortar los tiempos de carga, incrementar la seguridad y reducir costes. La mayor parte de las líneas de investigación tratan emplear nuevos materiales como el silicio, el niobio, el azufre, el sodio e, incluso, los polímeros (plásticos) para sustituir materiales hoy utilizados, como el cobalto, el níquel o el manganeso. Otra línea de avance es tratar de desarrollar un electrolito sólido, mezcla de polímeros y litio o de cristal.

Los *electrolizadores* son otra tecnología básica de la que se esperan —quizás fuera mejor decir que se necesitan— importantes mejoras en términos de rendimiento y costes. Aunque estas mejoras se produzcan, una condición esencial para que el hidrógeno verde sea competitivo con el hidrógeno procedente de gas natural, aun con el coste adicional de la captura de carbono, es que el precio de la electricidad se sitúe en el entorno de los 20 euros por megavatio hora. Es una condición difícil de cumplir. El precio medio esperado para la electricidad fotovoltaica en España en los próximos años, o décadas, no baja de 30 euros.

La expectativa es que los electrolizadores reduzcan progresivamente su coste hasta alcanzar un 80 % en 2050. Simultáneamente, se aspira a que intensifiquen su eficiencia —la cantidad de electricidad que transforman en hidrógeno— de un 65 a un 76 %. Se espera que estas reducciones de coste provengan del incremento de tamaño de los módulos y, sobre todo, de las economías de escala. Se estima que, para alcanzar en 2050 la citada reducción de coste del 80 %, se deberían instalar 5.000 gigavatios de capacidad. Para 2030 se pretende que la capacidad instalada mundial se sitúe entre 175 y 420 gigavatios. Hoy en día se comercializan electrolizadores de tres tecnologías diferentes. La más extendida es la alcalina, que utiliza como catalizador hidróxido de potasio. La segunda, la membrana de intercambio protónico (*proton exchange membrane* o PEM), tiene el problema de utilizar como catalizadores platino, paladio, iridio o una combinación de éstos. Aunque el peso en el monto final del catalizador no es muy elevado, volvemos al problema de la dependencia: Rusia es el primer productor mundial de paladio y el segundo de platino. Una tercera tecnología, la celda electrolizadora de óxido sólido (*solid oxide electrolyzer cell* o SOEC), más cara que las anteriores, añade calor al proceso de electrolisis, con lo que consigue reducir la electricidad necesaria para producir un kilo de hidrógeno entre un 25 y un 30 %. En Estados Unidos se están haciendo pruebas para combinar un pequeño reactor nuclear (SMR) con un electrolizador de esta tecnología. Se pretende que el reactor modular aporte tanto la electricidad como el calor.[62] En caso de necesidad, podría interrumpirse la producción de hidrógeno y vender electricidad a la red. Esta venta se haría en horas de alto precio, lo que podría redundar en un abaratamiento adicional del hidrógeno. El camino por recorrer es todavía muy largo, pero es un ejemplo más de cómo los desarrollos tecnológicos pueden conducirnos al objetivo deseado.

El control de China, el desafío de Estados Unidos y el vacío europeo

China controla más del 60 % de la capacidad mundial de refino de litio apto para baterías y más del 90 % de la producción mundial del ánodo y del electrolito. Además, controla el 40 % de la capacidad mundial de refinado de cobre, el 70 % de la de cobalto

62. «Study reveals low cost of nuclear H2», *ULC Energy*, 15 de mayo de 2024, <https://www.ulc-energy.com/news/study-reveals-low-cost-of-nuclear-h2>.

y el cien por cien de la de grafito. La fabricación de baterías tiene dos fases: una fase intermedia, consistente en la producción de células de baterías y su ensamblaje en módulos de diferente tamaño, y una fase final en la que los módulos de baterías se integran con sistemas de control y software que garantizan el correcto funcionamiento de todo el conjunto como un sistema de almacenamiento eléctrico. China, Corea del Sur y Japón son los tres países que lideran la mayor parte de la producción mundial de baterías. La cuota de mercado de las empresas chinas roza el 60 %, la de Corea del Sur ronda un 25 % y la de Japón un 10 %. En la fase de integración, la empresa líder en el mundo es también china, pero su cuota de mercado es del 16 %, seguida por dos empresas estadounidenses, cada una de ellas con el 14 %. La integración de baterías es un mercado más abierto y con mayor grado de competencia.

Estados Unidos ya tomó la decisión, a través de la IRA y de su normativa complementaria, de no aceptar la posición de dominio china y limitar los créditos fiscales previstos por la compra de coches eléctricos a aquellos que estén fabricados en Estados Unidos, con baterías producidas en Estados Unidos y cuyos componentes también procedan de Estados Unidos. Para el cumplimiento de estos dos últimos requisitos otorga ciertos plazos. En Europa nos lo estamos pensando. Reducir el consumo de combustibles fósiles y sustituirlos por electricidad renovable, con independencia de plazos y coste, supone una notable recuperación de autonomía estratégica. Podríamos olvidarnos de la OPEP+ y de Rusia y sus gasoductos y, en general, de los precios y el acceso a unas materias primas que permiten el funcionamiento de nuestras economías y sobre las que no tenemos el más mínimo control. Salir de ese mundo para adentrarnos en otro en el que el poder pertenece a China merece una reflexión.

Esta consideración sobre el dominio chino arranca de las baterías, pero la realidad es que China controla la cadena de valor de todas las tecnologías que conducen a emisiones cero (gráfico 6.1).

Gráfico 6.1. China es líder en cadenas de suministro que utilizan tecnología limpia. Su capacidad de fabricación a nivel mundial se sitúa por encima del 80 % en 11 categorías

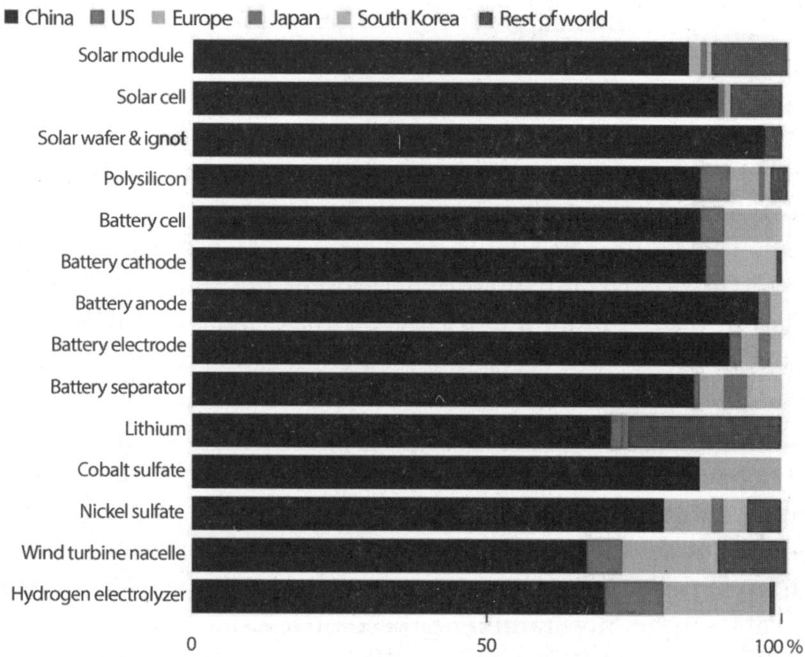

Nota: La capacidad hace referencia a la ubicación de las instalaciones, no a la sede de los productores. El litio se refiere al hidróxido de litio y carbonato.

Fuente: BloombergNEF.

Los cuatro años transcurridos entre el Pacto Verde y el Plan Industrial del Pacto Verde tienen, sin duda, un coste: demasiada sostenibilidad y poca atención a las tecnologías necesarias para reducir emisiones. Es posible recuperar el terreno perdido, pero hay que hacerlo con criterio. De entrada, se necesita tiempo. Establecer plazos perentorios para la reducción de emisiones no permite otra alternativa que acudir a quien controla la tecnología. Más vale concentrarse en el cero neto de 2050 que en algunos objetivos intermedios fijados. Dentro de todas las cadenas de valor hay segmentos que suponen un valor añadido superior. Conviene centrarse en ellos y dejar al margen aquellas partes del proceso industrial más repetitivas donde las economías de escala constituyen una ventaja imbatible. Europa no puede hacer ascos a cualquier actividad extractiva ni repudiar actividades industriales, como el refino de minerales, con un elevado impacto ambiental. Habrá que reforzar la normativa medioambiental y las actividades de remediación y, si los costes son superiores, articular la defensa de una producción europea más cara pero ambientalmente más aceptable. La hipocresía de prohibir el *fracking* y vivir del gas de *fracking* norteamericano no es una conducta recomendable ante la creciente demanda de metales imprescindibles para las tecnologías de emisiones cero y la concentración de su oferta.

También es cierto que estas tecnologías responden a necesidades de inversión. Instalar una batería o un electrolizador se hace una vez y dura años. Por consiguiente, la dependencia no es, en este caso, una función continua, como con el petróleo, sino una función discreta. Dependes una vez, y hasta la siguiente. Ello no impide que sea imprescindible acometer el análisis de riesgo correspondiente. Es necesario analizar qué pasaría si el suministro chino desapareciera y diseñar y tener dispuestas alternativas por si semejante evento tuviera lugar. Alemania no se planteó la posible desaparición del suministro de gas ruso y lo impensable ocurrió. Europa ha de ser capaz de fabricar baterías si quiere seguir siendo un actor relevante en la industria del automóvil. España, como ya se ha dicho, es el segundo productor europeo.

El objetivo del gobierno español es llegar a 5,5 millones de coches eléctricos circulando por las carreteras españolas en 2030. A finales de 2023, de un parque de 26.020.504 turismos, sólo 339.125, el 1,3 %, eran eléctricos. Para alcanzar la meta gubernamental, el 74 % de los coches vendidos cada año entre 2024 y 2030 deberían ser eléctricos. Hoy, la cuota de mercado de este tipo de coches es del 13 %. España tendría que asumir que es más importante reformar nuestra industria del automóvil y contar con una base tecnológica sólida sobre la que asentar un futuro eléctrico que intentar cumplir a toda costa con un objetivo irreal.

Esta reflexión para el caso español sirve también para Europa, que precisa recuperar su pulso industrial y tecnológico. El *soft power* de la regulación, del estado de derecho y de la defensa de los valores individuales palidece al lado del poder económico de quien controla las tecnologías que van a transformar el mundo, sean la inteligencia artificial o las tecnologías de emisiones cero. La pasividad del llamado sur global ante la guerra de Ucrania fue un claro mensaje. Las materias primas rusas y las inversiones chinas pesaron más que los valores europeos, en general poco apreciados por los países con un pasado colonial.

La transición energética, con su avalancha de nuevas tecnologías y desarrollos, es una oportunidad de recuperar el terreno perdido, pero Europa necesita obviar la trampa de lo verde y la sostenibilidad; la trampa de fijar objetivos sin prever los medios para su consecución y centrarse en la reducción de emisiones, con los tiempos y costes que marquen los desarrollos tecnológicos que tienen que sustentar la renovación de su estructura industrial.

La tercera transición merece la pena

No es la primera vez que el mundo se enfrenta a una transición energética. En la primera transición, pasamos de la madera y la tracción animal al carbón. En la segunda, del carbón al petróleo y el gas. En la tercera, tenemos que dejar atrás los combustibles fósiles y sustituirlos por una electricidad sin emisiones y unos nuevos combustibles cuyas emisiones netas sean cero. Las primeras transiciones fueron la consecuencia natural de desarrollos tecnológicos como la máquina de vapor, la turbina eléctrica o el motor de combustión interna. La disponibilidad de los combustibles fósiles, la relativa facilidad de su manejo a temperatura ambiente y su densidad energética hicieron el resto.

La nueva transición tenemos que hacerla para evitar los costes futuros derivados de un calentamiento global que va a alterar nuestro hábitat y, con él, nuestra economía. Confiamos en que los desarrollos tecnológicos vengan después, como consecuencia de la propia transición. Si el mundo fuera capaz de reducir sus emisiones o de reducir progresivamente la cantidad de dióxido de carbono acumulada en la atmósfera, España podría frenar, a finales de siglo, unas pérdidas anuales equivalentes al 15 % de su PIB, unos 200.000 millones de euros de 2023. Por supuesto, puede tomarse esta cifra con las reservas que se quiera. Su valor no es la cifra en sí, sino su capacidad de aterrizar un concepto. En el horizonte temporal del presente siglo no hay apocalipsis climático, lo que hay son pérdidas económicas que evitar. Pérdidas que, como siempre ocurre, recaen, fundamentalmente, sobre aquellos sectores sociales más vulnerables. Sortear estas pérdidas requiere un concierto mundial difícil de alcanzar, pero si nos situamos en la hipótesis de que, con las dificultades propias del caso, se materializara un acuerdo, en España nos saldría la cuenta. Deberíamos invertir 60.000 millones al año de aquí a 2050 para evitar unas pérdidas que, cada año, más que triplicarían la inversión anual. Este planteamiento pretende dar una idea del orden de las magnitudes del esfuerzo a realizar y del riesgo a evitar. No es, ni puede ser, un descuento de flujos financieros sobre el que valorar el retorno de una inversión.

Si España lo hace medianamente bien y toma las decisiones regulatorias adecuadas, podrá disfrutar de un precio de la electricidad inferior al de nuestros socios europeos. Es una ventaja competitiva de la que nunca hemos disfrutado. Gracias a nuestra mayor irradiación solar y a nuestro recurso eólico, un sistema eléctrico descarbonizado basado en la generación renovable produciría una electricidad más barata que la media europea y, lo más importante, más barata que la actual. Si además fuésemos capaces de reflejar ese mejor precio en la factura de nuestras empresas y ciudadanos, tendríamos una mayor capacidad de atracción de inversiones que favorecerían el crecimiento económico y mejoras de productividad y salarios.

La balanza comercial de productos energéticos, a los precios actuales de los combustibles fósiles, arroja un déficit anual de unos 28.800 millones de euros. El déficit comercial de 2023 fue 40.500 millones. Pese a este déficit comercial, tuvimos un superávit por cuenta corriente de 36.550 millones de euros, equivalente a 2,5 % del PIB. Un modelo energético sin consumo de combustibles fósiles habría conllevado un superávit de unos 65.000 millones de euros, del orden de un 4,4 % de nuestro PIB.[63]

Son oportunidades que, con nuestra historia económica reciente en la memoria, tienen que ser aprovechadas. Sólo hay que recordar algunas ideas básicas. El crecimiento económico es imprescindible. Sin él no es posible mejorar las condiciones de vida de una sociedad ni reducir las desigualdades. El crecimiento económico supone un incremento en el consumo de energía que no tiene por qué ser considerado pernicioso ni rechazable. Lo único relevante es reducir las emisiones de dióxido de carbono, es decir, reducir la intensidad en carbono de la oferta de energía. Toda la parafernalia de la sostenibilidad y de lo verde no daña, pero distrae de la atención que requiere el problema de reducir emisiones. Es posible alcanzar la neutralidad de emisiones en 2050, pero es necesario respetar los tiempos que demandan los desarrollos tecnológicos y dedicar recursos a hacer rentables las tecnologías que aún no lo son.

Alcanzado ese umbral, la oferta y la demanda crecerán de forma exponencial, y nos acercaremos al objetivo buscado. Fijar metas y penalizar si no se cumplen es un camino alternativo de resultado incierto con respecto a las emisiones de dióxido de carbono, pero cierto con respecto a la reducción de la competitividad de nuestra industria. El resumen es sencillo: un solo principio, reducir emisiones, y mucho criterio y sentido común para su aplicación.

63. Para un análisis algo más detallado puede verse Solé Vives, Erik, «La balanza por cuenta corriente española en perspectiva europea», La Caixa, 11 de marzo de 2024, <https://www.caixabankresearch.com/es/economia-y-mercados/actividad-y-crecimiento/balanza-cuenta-corriente-espanola-perspectiva-europea>.

Bibliografía adicional

Hepburn, C., *et al.*, «The Technological and Economic Prospects for CO_2 Utilization and Removal», *Nature*, 575 (2019), pp. 87-97, <https://www.nature.com/articles/s41586-019-1681-6>.

Packer, George, *El desmoronamiento: treinta años de declive americano*, Debate, Madrid, 2015.

Rissman, Jeffrey, *Zero Carbon Industry: Transformative Technologies and Policies to Achieve Sustainable Prosperity*, Center on Global Energy Policy Series, Columbia University Press, Estados Unidos, 2024.

Vogel, Ezra F., *Deng Xiaoping and the Transformation of China*, Harvard University Press, Estados Unidos, 2013.

Yergin, Daniel, *The Quest: Energy, Security, and the Remaking of the Modern World*, Penguin Books, Estados Unidos, 2012.

—, *The New Map: Energy, Climate, and the Clash of Nations*, Penguin Books, Estados Unidos, 2021.